This Future Meteorologist Weather Log Book belongs to:

Dedication

This Future Meteorologist Weather Log Book is dedicated to every future meteorologist out there who is fascinated by the weather, and wants to have track it in a fun way.

You are my inspiration for producing books and I'm honored to be a part of keeping all your weather log notes and tracking organized.

How to Use This Weather Log Book:

DATE		TIME	
LOCATION		TEMPERATURE AVG	
TEMPERATURE MIN		TEMPERATURE MAX	
WIND DIRECTION		WIND SPEED	
HUMIDITY		PRECIPITATION	
CLOUDS		ISOBARS	

DATE		TIME	
LOCATION		TEMPERATURE AVG	
TEMPERATURE MIN		TEMPERATURE MAX	
WIND DIRECTION		WIND SPEED	
HUMIDITY		PRECIPITATION	
CLOUDS		ISOBARS	

DATE		TIME	
LOCATION		TEMPERATURE AVG	
TEMPERATURE MIN		TEMPERATURE MAX	
WIND DIRECTION		WIND SPEED	
HUMIDITY		PRECIPITATION	
CLOUDS		ISOBARS	

ADDITIONAL NOTES

DATE	TIME
LOCATION	TEMPERATURE AVG
TEMPERATURE MIN	TEMPERATURE MAX
WIND DIRECTION	WIND SPEED
HUMIDITY	PRECIPITATION
CLOUDS	ISOBARS

DATE	TIME
LOCATION	TEMPERATURE AVG
TEMPERATURE MIN	TEMPERATURE MAX
WIND DIRECTION	WIND SPEED
HUMIDITY	PRECIPITATION
CLOUDS	ISOBARS

DATE	TIME
LOCATION	TEMPERATURE AVG
TEMPERATURE MIN	TEMPERATURE MAX
WIND DIRECTION	WIND SPEED
HUMIDITY	PRECIPITATION
CLOUDS	ISOBARS

ADDITIONAL NOTES

DATE	TIME
LOCATION	TEMPERATURE AVG
TEMPERATURE MIN	TEMPERATURE MAX
WIND DIRECTION	WIND SPEED
HUMIDITY	PRECIPITATION
CLOUDS	ISOBARS

DATE	TIME
LOCATION	TEMPERATURE AVG
TEMPERATURE MIN	TEMPERATURE MAX
WIND DIRECTION	WIND SPEED
HUMIDITY	PRECIPITATION
CLOUDS	ISOBARS

DATE	TIME
LOCATION	TEMPERATURE AVG
TEMPERATURE MIN	TEMPERATURE MAX
WIND DIRECTION	WIND SPEED
HUMIDITY	PRECIPITATION
CLOUDS	ISOBARS

ADDITIONAL NOTES

📅	DATE	🕐 TIME	
📍	LOCATION	🌡️ TEMPERATURE AVG	
🌡️	TEMPERATURE MIN	🌡️ TEMPERATURE MAX	
🧭	WIND DIRECTION	💨 WIND SPEED	
💧	HUMIDITY	💧 PRECIPITATION	
☁️	CLOUDS	◎ ISOBARS	

📅	DATE	🕐 TIME	
📍	LOCATION	🌡️ TEMPERATURE AVG	
🌡️	TEMPERATURE MIN	🌡️ TEMPERATURE MAX	
🧭	WIND DIRECTION	💨 WIND SPEED	
💧	HUMIDITY	💧 PRECIPITATION	
☁️	CLOUDS	◎ ISOBARS	

📅	DATE	🕐 TIME	
📍	LOCATION	🌡️ TEMPERATURE AVG	
🌡️	TEMPERATURE MIN	🌡️ TEMPERATURE MAX	
🧭	WIND DIRECTION	💨 WIND SPEED	
💧	HUMIDITY	💧 PRECIPITATION	
☁️	CLOUDS	◎ ISOBARS	

ADDITIONAL NOTES

📅 DATE		🕐 TIME	
📍 LOCATION		🌡️ TEMPERATURE AVG	
🌡️ TEMPERATURE MIN		🌡️ TEMPERATURE MAX	
🧭 WIND DIRECTION		💨 WIND SPEED	
💧 HUMIDITY		💦 PRECIPITATION	
☁️ CLOUDS		◎ ISOBARS	

📅 DATE		🕐 TIME	
📍 LOCATION		🌡️ TEMPERATURE AVG	
🌡️ TEMPERATURE MIN		🌡️ TEMPERATURE MAX	
🧭 WIND DIRECTION		💨 WIND SPEED	
💧 HUMIDITY		💦 PRECIPITATION	
☁️ CLOUDS		◎ ISOBARS	

📅 DATE		🕐 TIME	
📍 LOCATION		🌡️ TEMPERATURE AVG	
🌡️ TEMPERATURE MIN		🌡️ TEMPERATURE MAX	
🧭 WIND DIRECTION		💨 WIND SPEED	
💧 HUMIDITY		💦 PRECIPITATION	
☁️ CLOUDS		◎ ISOBARS	

📝 ADDITIONAL NOTES

📅	DATE	🕐	TIME
📍	LOCATION	🌡️	TEMPERATURE AVG
🌡️	TEMPERATURE MIN	🌡️	TEMPERATURE MAX
🧭	WIND DIRECTION	💨	WIND SPEED
💧	HUMIDITY	💦	PRECIPITATION
☁️	CLOUDS	◎	ISOBARS

📅	DATE	🕐	TIME
📍	LOCATION	🌡️	TEMPERATURE AVG
🌡️	TEMPERATURE MIN	🌡️	TEMPERATURE MAX
🧭	WIND DIRECTION	💨	WIND SPEED
💧	HUMIDITY	💦	PRECIPITATION
☁️	CLOUDS	◎	ISOBARS

📅	DATE	🕐	TIME
📍	LOCATION	🌡️	TEMPERATURE AVG
🌡️	TEMPERATURE MIN	🌡️	TEMPERATURE MAX
🧭	WIND DIRECTION	💨	WIND SPEED
💧	HUMIDITY	💦	PRECIPITATION
☁️	CLOUDS	◎	ISOBARS

📝 ADDITIONAL NOTES

DATE	TIME
LOCATION	TEMPERATURE AVG
TEMPERATURE MIN	TEMPERATURE MAX
WIND DIRECTION	WIND SPEED
HUMIDITY	PRECIPITATION
CLOUDS	ISOBARS

DATE	TIME
LOCATION	TEMPERATURE AVG
TEMPERATURE MIN	TEMPERATURE MAX
WIND DIRECTION	WIND SPEED
HUMIDITY	PRECIPITATION
CLOUDS	ISOBARS

DATE	TIME
LOCATION	TEMPERATURE AVG
TEMPERATURE MIN	TEMPERATURE MAX
WIND DIRECTION	WIND SPEED
HUMIDITY	PRECIPITATION
CLOUDS	ISOBARS

ADDITIONAL NOTES

📅 DATE		🕐 TIME	
📍 LOCATION		🌡️ TEMPERATURE AVG	
🌡️ TEMPERATURE MIN		🌡️ TEMPERATURE MAX	
🧭 WIND DIRECTION		💨 WIND SPEED	
💧 HUMIDITY		💦 PRECIPITATION	
☁️ CLOUDS		◎ ISOBARS	

📅 DATE		🕐 TIME	
📍 LOCATION		🌡️ TEMPERATURE AVG	
🌡️ TEMPERATURE MIN		🌡️ TEMPERATURE MAX	
🧭 WIND DIRECTION		💨 WIND SPEED	
💧 HUMIDITY		💦 PRECIPITATION	
☁️ CLOUDS		◎ ISOBARS	

📅 DATE		🕐 TIME	
📍 LOCATION		🌡️ TEMPERATURE AVG	
🌡️ TEMPERATURE MIN		🌡️ TEMPERATURE MAX	
🧭 WIND DIRECTION		💨 WIND SPEED	
💧 HUMIDITY		💦 PRECIPITATION	
☁️ CLOUDS		◎ ISOBARS	

📝 ADDITIONAL NOTES

📅 DATE		🕐 TIME	
📍 LOCATION		🌡️ TEMPERATURE AVG	
🌡️ TEMPERATURE MIN		🌡️ TEMPERATURE MAX	
🧭 WIND DIRECTION		💨 WIND SPEED	
💧 HUMIDITY		💧 PRECIPITATION	
☁️ CLOUDS		◎ ISOBARS	

📅 DATE		🕐 TIME	
📍 LOCATION		🌡️ TEMPERATURE AVG	
🌡️ TEMPERATURE MIN		🌡️ TEMPERATURE MAX	
🧭 WIND DIRECTION		💨 WIND SPEED	
💧 HUMIDITY		💧 PRECIPITATION	
☁️ CLOUDS		◎ ISOBARS	

📅 DATE		🕐 TIME	
📍 LOCATION		🌡️ TEMPERATURE AVG	
🌡️ TEMPERATURE MIN		🌡️ TEMPERATURE MAX	
🧭 WIND DIRECTION		💨 WIND SPEED	
💧 HUMIDITY		💧 PRECIPITATION	
☁️ CLOUDS		◎ ISOBARS	

ADDITIONAL NOTES

📅	DATE	🕐	TIME
📍	LOCATION	🌡️	TEMPERATURE AVG
🌡️	TEMPERATURE MIN	🌡️	TEMPERATURE MAX
🧭	WIND DIRECTION	💨	WIND SPEED
💧	HUMIDITY	💧	PRECIPITATION
☁️	CLOUDS	◎	ISOBARS

📅	DATE	🕐	TIME
📍	LOCATION	🌡️	TEMPERATURE AVG
🌡️	TEMPERATURE MIN	🌡️	TEMPERATURE MAX
🧭	WIND DIRECTION	💨	WIND SPEED
💧	HUMIDITY	💧	PRECIPITATION
☁️	CLOUDS	◎	ISOBARS

📅	DATE	🕐	TIME
📍	LOCATION	🌡️	TEMPERATURE AVG
🌡️	TEMPERATURE MIN	🌡️	TEMPERATURE MAX
🧭	WIND DIRECTION	💨	WIND SPEED
💧	HUMIDITY	💧	PRECIPITATION
☁️	CLOUDS	◎	ISOBARS

ADDITIONAL NOTES

📅 DATE		🕐 TIME	
📍 LOCATION		🌡️ TEMPERATURE AVG	
🌡️ TEMPERATURE MIN		🌡️ TEMPERATURE MAX	
🧭 WIND DIRECTION		💨 WIND SPEED	
💧 HUMIDITY		💧 PRECIPITATION	
☁️ CLOUDS		◎ ISOBARS	

📅 DATE		🕐 TIME	
📍 LOCATION		🌡️ TEMPERATURE AVG	
🌡️ TEMPERATURE MIN		🌡️ TEMPERATURE MAX	
🧭 WIND DIRECTION		💨 WIND SPEED	
💧 HUMIDITY		💧 PRECIPITATION	
☁️ CLOUDS		◎ ISOBARS	

📅 DATE		🕐 TIME	
📍 LOCATION		🌡️ TEMPERATURE AVG	
🌡️ TEMPERATURE MIN		🌡️ TEMPERATURE MAX	
🧭 WIND DIRECTION		💨 WIND SPEED	
💧 HUMIDITY		💧 PRECIPITATION	
☁️ CLOUDS		◎ ISOBARS	

📝 ADDITIONAL NOTES

📅	DATE	🕐	TIME
📍	LOCATION	🌡️	TEMPERATURE AVG
🌡️	TEMPERATURE MIN	🌡️	TEMPERATURE MAX
🧭	WIND DIRECTION	💨	WIND SPEED
💧	HUMIDITY	💦	PRECIPITATION
☁️	CLOUDS	◎	ISOBARS

📅	DATE	🕐	TIME
📍	LOCATION	🌡️	TEMPERATURE AVG
🌡️	TEMPERATURE MIN	🌡️	TEMPERATURE MAX
🧭	WIND DIRECTION	💨	WIND SPEED
💧	HUMIDITY	💦	PRECIPITATION
☁️	CLOUDS	◎	ISOBARS

📅	DATE	🕐	TIME
📍	LOCATION	🌡️	TEMPERATURE AVG
🌡️	TEMPERATURE MIN	🌡️	TEMPERATURE MAX
🧭	WIND DIRECTION	💨	WIND SPEED
💧	HUMIDITY	💦	PRECIPITATION
☁️	CLOUDS	◎	ISOBARS

📝 ADDITIONAL NOTES

📅 DATE		🕐 TIME	
📍 LOCATION		🌡️ TEMPERATURE AVG	
🌡️ TEMPERATURE MIN		🌡️ TEMPERATURE MAX	
🧭 WIND DIRECTION		💨 WIND SPEED	
💧 HUMIDITY		💧 PRECIPITATION	
☁️ CLOUDS		◎ ISOBARS	

📅 DATE		🕐 TIME	
📍 LOCATION		🌡️ TEMPERATURE AVG	
🌡️ TEMPERATURE MIN		🌡️ TEMPERATURE MAX	
🧭 WIND DIRECTION		💨 WIND SPEED	
💧 HUMIDITY		💧 PRECIPITATION	
☁️ CLOUDS		◎ ISOBARS	

📅 DATE		🕐 TIME	
📍 LOCATION		🌡️ TEMPERATURE AVG	
🌡️ TEMPERATURE MIN		🌡️ TEMPERATURE MAX	
🧭 WIND DIRECTION		💨 WIND SPEED	
💧 HUMIDITY		💧 PRECIPITATION	
☁️ CLOUDS		◎ ISOBARS	

📝 **ADDITIONAL NOTES**

DATE		TIME	
LOCATION		TEMPERATURE AVG	
TEMPERATURE MIN		TEMPERATURE MAX	
WIND DIRECTION		WIND SPEED	
HUMIDITY		PRECIPITATION	
CLOUDS		ISOBARS	

DATE		TIME	
LOCATION		TEMPERATURE AVG	
TEMPERATURE MIN		TEMPERATURE MAX	
WIND DIRECTION		WIND SPEED	
HUMIDITY		PRECIPITATION	
CLOUDS		ISOBARS	

DATE		TIME	
LOCATION		TEMPERATURE AVG	
TEMPERATURE MIN		TEMPERATURE MAX	
WIND DIRECTION		WIND SPEED	
HUMIDITY		PRECIPITATION	
CLOUDS		ISOBARS	

ADDITIONAL NOTES

📅 DATE		🕐 TIME	
📍 LOCATION		🌡️ TEMPERATURE AVG	
🌡️ TEMPERATURE MIN		🌡️ TEMPERATURE MAX	
🧭 WIND DIRECTION		💨 WIND SPEED	
💧 HUMIDITY		💧 PRECIPITATION	
☁️ CLOUDS		◎ ISOBARS	

📅 DATE		🕐 TIME	
📍 LOCATION		🌡️ TEMPERATURE AVG	
🌡️ TEMPERATURE MIN		🌡️ TEMPERATURE MAX	
🧭 WIND DIRECTION		💨 WIND SPEED	
💧 HUMIDITY		💧 PRECIPITATION	
☁️ CLOUDS		◎ ISOBARS	

📅 DATE		🕐 TIME	
📍 LOCATION		🌡️ TEMPERATURE AVG	
🌡️ TEMPERATURE MIN		🌡️ TEMPERATURE MAX	
🧭 WIND DIRECTION		💨 WIND SPEED	
💧 HUMIDITY		💧 PRECIPITATION	
☁️ CLOUDS		◎ ISOBARS	

📝 ADDITIONAL NOTES

📅 DATE	🕐 TIME
📍 LOCATION	🌡️ TEMPERATURE AVG
🌡️ TEMPERATURE MIN	🌡️ TEMPERATURE MAX
🧭 WIND DIRECTION	💨 WIND SPEED
💧 HUMIDITY	💦 PRECIPITATION
☁️ CLOUDS	◎ ISOBARS

📅 DATE	🕐 TIME
📍 LOCATION	🌡️ TEMPERATURE AVG
🌡️ TEMPERATURE MIN	🌡️ TEMPERATURE MAX
🧭 WIND DIRECTION	💨 WIND SPEED
💧 HUMIDITY	💦 PRECIPITATION
☁️ CLOUDS	◎ ISOBARS

📅 DATE	🕐 TIME
📍 LOCATION	🌡️ TEMPERATURE AVG
🌡️ TEMPERATURE MIN	🌡️ TEMPERATURE MAX
🧭 WIND DIRECTION	💨 WIND SPEED
💧 HUMIDITY	💦 PRECIPITATION
☁️ CLOUDS	◎ ISOBARS

📝 ADDITIONAL NOTES

DATE	TIME
LOCATION	TEMPERATURE AVG
TEMPERATURE MIN	TEMPERATURE MAX
WIND DIRECTION	WIND SPEED
HUMIDITY	PRECIPITATION
CLOUDS	ISOBARS

DATE	TIME
LOCATION	TEMPERATURE AVG
TEMPERATURE MIN	TEMPERATURE MAX
WIND DIRECTION	WIND SPEED
HUMIDITY	PRECIPITATION
CLOUDS	ISOBARS

DATE	TIME
LOCATION	TEMPERATURE AVG
TEMPERATURE MIN	TEMPERATURE MAX
WIND DIRECTION	WIND SPEED
HUMIDITY	PRECIPITATION
CLOUDS	ISOBARS

ADDITIONAL NOTES

📅 DATE		🕐 TIME	
📍 LOCATION		🌡️ TEMPERATURE AVG	
🌡️ TEMPERATURE MIN		🌡️ TEMPERATURE MAX	
🧭 WIND DIRECTION		💨 WIND SPEED	
💧 HUMIDITY		💦 PRECIPITATION	
☁️ CLOUDS		◎ ISOBARS	

📅 DATE		🕐 TIME	
📍 LOCATION		🌡️ TEMPERATURE AVG	
🌡️ TEMPERATURE MIN		🌡️ TEMPERATURE MAX	
🧭 WIND DIRECTION		💨 WIND SPEED	
💧 HUMIDITY		💦 PRECIPITATION	
☁️ CLOUDS		◎ ISOBARS	

📅 DATE		🕐 TIME	
📍 LOCATION		🌡️ TEMPERATURE AVG	
🌡️ TEMPERATURE MIN		🌡️ TEMPERATURE MAX	
🧭 WIND DIRECTION		💨 WIND SPEED	
💧 HUMIDITY		💦 PRECIPITATION	
☁️ CLOUDS		◎ ISOBARS	

📝 ADDITIONAL NOTES

📅 DATE		🕐 TIME	
📍 LOCATION		🌡️ TEMPERATURE AVG	
🌡️ TEMPERATURE MIN		🌡️ TEMPERATURE MAX	
🧭 WIND DIRECTION		💨 WIND SPEED	
💧 HUMIDITY		💧 PRECIPITATION	
☁️ CLOUDS		◎ ISOBARS	

📅 DATE		🕐 TIME	
📍 LOCATION		🌡️ TEMPERATURE AVG	
🌡️ TEMPERATURE MIN		🌡️ TEMPERATURE MAX	
🧭 WIND DIRECTION		💨 WIND SPEED	
💧 HUMIDITY		💧 PRECIPITATION	
☁️ CLOUDS		◎ ISOBARS	

📅 DATE		🕐 TIME	
📍 LOCATION		🌡️ TEMPERATURE AVG	
🌡️ TEMPERATURE MIN		🌡️ TEMPERATURE MAX	
🧭 WIND DIRECTION		💨 WIND SPEED	
💧 HUMIDITY		💧 PRECIPITATION	
☁️ CLOUDS		◎ ISOBARS	

📝 ADDITIONAL NOTES

📅	DATE	🕐	TIME
📍	LOCATION	🌡️	TEMPERATURE AVG
🌡️	TEMPERATURE MIN	🌡️	TEMPERATURE MAX
🧭	WIND DIRECTION	💨	WIND SPEED
💧	HUMIDITY	💦	PRECIPITATION
☁️	CLOUDS	◎	ISOBARS

📅	DATE	🕐	TIME
📍	LOCATION	🌡️	TEMPERATURE AVG
🌡️	TEMPERATURE MIN	🌡️	TEMPERATURE MAX
🧭	WIND DIRECTION	💨	WIND SPEED
💧	HUMIDITY	💦	PRECIPITATION
☁️	CLOUDS	◎	ISOBARS

📅	DATE	🕐	TIME
📍	LOCATION	🌡️	TEMPERATURE AVG
🌡️	TEMPERATURE MIN	🌡️	TEMPERATURE MAX
🧭	WIND DIRECTION	💨	WIND SPEED
💧	HUMIDITY	💦	PRECIPITATION
☁️	CLOUDS	◎	ISOBARS

📝 ADDITIONAL NOTES

DATE	TIME
LOCATION	TEMPERATURE AVG
TEMPERATURE MIN	TEMPERATURE MAX
WIND DIRECTION	WIND SPEED
HUMIDITY	PRECIPITATION
CLOUDS	ISOBARS

DATE	TIME
LOCATION	TEMPERATURE AVG
TEMPERATURE MIN	TEMPERATURE MAX
WIND DIRECTION	WIND SPEED
HUMIDITY	PRECIPITATION
CLOUDS	ISOBARS

DATE	TIME
LOCATION	TEMPERATURE AVG
TEMPERATURE MIN	TEMPERATURE MAX
WIND DIRECTION	WIND SPEED
HUMIDITY	PRECIPITATION
CLOUDS	ISOBARS

ADDITIONAL NOTES

📅 DATE	🕐 TIME
📍 LOCATION	🌡️ TEMPERATURE AVG
🌡️ TEMPERATURE MIN	🌡️ TEMPERATURE MAX
🧭 WIND DIRECTION	💨 WIND SPEED
💧 HUMIDITY	💧 PRECIPITATION
☁️ CLOUDS	◎ ISOBARS

📅 DATE	🕐 TIME
📍 LOCATION	🌡️ TEMPERATURE AVG
🌡️ TEMPERATURE MIN	🌡️ TEMPERATURE MAX
🧭 WIND DIRECTION	💨 WIND SPEED
💧 HUMIDITY	💧 PRECIPITATION
☁️ CLOUDS	◎ ISOBARS

📅 DATE	🕐 TIME
📍 LOCATION	🌡️ TEMPERATURE AVG
🌡️ TEMPERATURE MIN	🌡️ TEMPERATURE MAX
🧭 WIND DIRECTION	💨 WIND SPEED
💧 HUMIDITY	💧 PRECIPITATION
☁️ CLOUDS	◎ ISOBARS

📝 ADDITIONAL NOTES

📅 DATE	🕐 TIME
📍 LOCATION	🌡️ TEMPERATURE AVG
🌡️ TEMPERATURE MIN	🌡️ TEMPERATURE MAX
🧭 WIND DIRECTION	💨 WIND SPEED
💧 HUMIDITY	💦 PRECIPITATION
☁️ CLOUDS	◎ ISOBARS

📅 DATE	🕐 TIME
📍 LOCATION	🌡️ TEMPERATURE AVG
🌡️ TEMPERATURE MIN	🌡️ TEMPERATURE MAX
🧭 WIND DIRECTION	💨 WIND SPEED
💧 HUMIDITY	💦 PRECIPITATION
☁️ CLOUDS	◎ ISOBARS

📅 DATE	🕐 TIME
📍 LOCATION	🌡️ TEMPERATURE AVG
🌡️ TEMPERATURE MIN	🌡️ TEMPERATURE MAX
🧭 WIND DIRECTION	💨 WIND SPEED
💧 HUMIDITY	💦 PRECIPITATION
☁️ CLOUDS	◎ ISOBARS

📝 ADDITIONAL NOTES

📅 DATE	🕐 TIME
📍 LOCATION	🌡️ TEMPERATURE AVG
🌡️ TEMPERATURE MIN	🌡️ TEMPERATURE MAX
🧭 WIND DIRECTION	💨 WIND SPEED
💧 HUMIDITY	💧 PRECIPITATION
☁️ CLOUDS	◎ ISOBARS

📅 DATE	🕐 TIME
📍 LOCATION	🌡️ TEMPERATURE AVG
🌡️ TEMPERATURE MIN	🌡️ TEMPERATURE MAX
🧭 WIND DIRECTION	💨 WIND SPEED
💧 HUMIDITY	💧 PRECIPITATION
☁️ CLOUDS	◎ ISOBARS

📅 DATE	🕐 TIME
📍 LOCATION	🌡️ TEMPERATURE AVG
🌡️ TEMPERATURE MIN	🌡️ TEMPERATURE MAX
🧭 WIND DIRECTION	💨 WIND SPEED
💧 HUMIDITY	💧 PRECIPITATION
☁️ CLOUDS	◎ ISOBARS

📝 ADDITIONAL NOTES

DATE	TIME
LOCATION	TEMPERATURE AVG
TEMPERATURE MIN	TEMPERATURE MAX
WIND DIRECTION	WIND SPEED
HUMIDITY	PRECIPITATION
CLOUDS	ISOBARS

DATE	TIME
LOCATION	TEMPERATURE AVG
TEMPERATURE MIN	TEMPERATURE MAX
WIND DIRECTION	WIND SPEED
HUMIDITY	PRECIPITATION
CLOUDS	ISOBARS

DATE	TIME
LOCATION	TEMPERATURE AVG
TEMPERATURE MIN	TEMPERATURE MAX
WIND DIRECTION	WIND SPEED
HUMIDITY	PRECIPITATION
CLOUDS	ISOBARS

ADDITIONAL NOTES

DATE		TIME	
LOCATION		TEMPERATURE AVG	
TEMPERATURE MIN		TEMPERATURE MAX	
WIND DIRECTION		WIND SPEED	
HUMIDITY		PRECIPITATION	
CLOUDS		ISOBARS	

DATE		TIME	
LOCATION		TEMPERATURE AVG	
TEMPERATURE MIN		TEMPERATURE MAX	
WIND DIRECTION		WIND SPEED	
HUMIDITY		PRECIPITATION	
CLOUDS		ISOBARS	

DATE		TIME	
LOCATION		TEMPERATURE AVG	
TEMPERATURE MIN		TEMPERATURE MAX	
WIND DIRECTION		WIND SPEED	
HUMIDITY		PRECIPITATION	
CLOUDS		ISOBARS	

ADDITIONAL NOTES

📅 DATE		🕐 TIME	
📍 LOCATION		🌡️ TEMPERATURE AVG	
🌡️ TEMPERATURE MIN		🌡️ TEMPERATURE MAX	
🧭 WIND DIRECTION		💨 WIND SPEED	
💧 HUMIDITY		💧 PRECIPITATION	
☁️ CLOUDS		◎ ISOBARS	

📅 DATE		🕐 TIME	
📍 LOCATION		🌡️ TEMPERATURE AVG	
🌡️ TEMPERATURE MIN		🌡️ TEMPERATURE MAX	
🧭 WIND DIRECTION		💨 WIND SPEED	
💧 HUMIDITY		💧 PRECIPITATION	
☁️ CLOUDS		◎ ISOBARS	

📅 DATE		🕐 TIME	
📍 LOCATION		🌡️ TEMPERATURE AVG	
🌡️ TEMPERATURE MIN		🌡️ TEMPERATURE MAX	
🧭 WIND DIRECTION		💨 WIND SPEED	
💧 HUMIDITY		💧 PRECIPITATION	
☁️ CLOUDS		◎ ISOBARS	

📝 ADDITIONAL NOTES

DATE		TIME	
LOCATION		TEMPERATURE AVG	
TEMPERATURE MIN		TEMPERATURE MAX	
WIND DIRECTION		WIND SPEED	
HUMIDITY		PRECIPITATION	
CLOUDS		ISOBARS	

DATE		TIME	
LOCATION		TEMPERATURE AVG	
TEMPERATURE MIN		TEMPERATURE MAX	
WIND DIRECTION		WIND SPEED	
HUMIDITY		PRECIPITATION	
CLOUDS		ISOBARS	

DATE		TIME	
LOCATION		TEMPERATURE AVG	
TEMPERATURE MIN		TEMPERATURE MAX	
WIND DIRECTION		WIND SPEED	
HUMIDITY		PRECIPITATION	
CLOUDS		ISOBARS	

ADDITIONAL NOTES

DATE	TIME
LOCATION	TEMPERATURE AVG
TEMPERATURE MIN	TEMPERATURE MAX
WIND DIRECTION	WIND SPEED
HUMIDITY	PRECIPITATION
CLOUDS	ISOBARS

DATE	TIME
LOCATION	TEMPERATURE AVG
TEMPERATURE MIN	TEMPERATURE MAX
WIND DIRECTION	WIND SPEED
HUMIDITY	PRECIPITATION
CLOUDS	ISOBARS

DATE	TIME
LOCATION	TEMPERATURE AVG
TEMPERATURE MIN	TEMPERATURE MAX
WIND DIRECTION	WIND SPEED
HUMIDITY	PRECIPITATION
CLOUDS	ISOBARS

ADDITIONAL NOTES

DATE	TIME
LOCATION	TEMPERATURE AVG
TEMPERATURE MIN	TEMPERATURE MAX
WIND DIRECTION	WIND SPEED
HUMIDITY	PRECIPITATION
CLOUDS	ISOBARS

DATE	TIME
LOCATION	TEMPERATURE AVG
TEMPERATURE MIN	TEMPERATURE MAX
WIND DIRECTION	WIND SPEED
HUMIDITY	PRECIPITATION
CLOUDS	ISOBARS

DATE	TIME
LOCATION	TEMPERATURE AVG
TEMPERATURE MIN	TEMPERATURE MAX
WIND DIRECTION	WIND SPEED
HUMIDITY	PRECIPITATION
CLOUDS	ISOBARS

ADDITIONAL NOTES

📅	DATE	🕐	TIME
📍	LOCATION	🌡	TEMPERATURE AVG
🌡	TEMPERATURE MIN	🌡	TEMPERATURE MAX
🧭	WIND DIRECTION	💨	WIND SPEED
💧	HUMIDITY	💧	PRECIPITATION
☁	CLOUDS	◎	ISOBARS

📅	DATE	🕐	TIME
📍	LOCATION	🌡	TEMPERATURE AVG
🌡	TEMPERATURE MIN	🌡	TEMPERATURE MAX
🧭	WIND DIRECTION	💨	WIND SPEED
💧	HUMIDITY	💧	PRECIPITATION
☁	CLOUDS	◎	ISOBARS

📅	DATE	🕐	TIME
📍	LOCATION	🌡	TEMPERATURE AVG
🌡	TEMPERATURE MIN	🌡	TEMPERATURE MAX
🧭	WIND DIRECTION	💨	WIND SPEED
💧	HUMIDITY	💧	PRECIPITATION
☁	CLOUDS	◎	ISOBARS

📝 ADDITIONAL NOTES

📅	DATE	🕐	TIME
📍	LOCATION	🌡️	TEMPERATURE AVG
🌡️	TEMPERATURE MIN	🌡️	TEMPERATURE MAX
🧭	WIND DIRECTION	💨	WIND SPEED
💧	HUMIDITY	💧💧	PRECIPITATION
☁️	CLOUDS	◎	ISOBARS

📅	DATE	🕐	TIME
📍	LOCATION	🌡️	TEMPERATURE AVG
🌡️	TEMPERATURE MIN	🌡️	TEMPERATURE MAX
🧭	WIND DIRECTION	💨	WIND SPEED
💧	HUMIDITY	💧💧	PRECIPITATION
☁️	CLOUDS	◎	ISOBARS

📅	DATE	🕐	TIME
📍	LOCATION	🌡️	TEMPERATURE AVG
🌡️	TEMPERATURE MIN	🌡️	TEMPERATURE MAX
🧭	WIND DIRECTION	💨	WIND SPEED
💧	HUMIDITY	💧💧	PRECIPITATION
☁️	CLOUDS	◎	ISOBARS

📝 ADDITIONAL NOTES

📅	DATE	🕐	TIME
📍	LOCATION	🌡️	TEMPERATURE AVG
🌡️	TEMPERATURE MIN	🌡️	TEMPERATURE MAX
🧭	WIND DIRECTION	💨	WIND SPEED
💧	HUMIDITY	💦	PRECIPITATION
☁️	CLOUDS	◎	ISOBARS

📅	DATE	🕐	TIME
📍	LOCATION	🌡️	TEMPERATURE AVG
🌡️	TEMPERATURE MIN	🌡️	TEMPERATURE MAX
🧭	WIND DIRECTION	💨	WIND SPEED
💧	HUMIDITY	💦	PRECIPITATION
☁️	CLOUDS	◎	ISOBARS

📅	DATE	🕐	TIME
📍	LOCATION	🌡️	TEMPERATURE AVG
🌡️	TEMPERATURE MIN	🌡️	TEMPERATURE MAX
🧭	WIND DIRECTION	💨	WIND SPEED
💧	HUMIDITY	💦	PRECIPITATION
☁️	CLOUDS	◎	ISOBARS

📝 ADDITIONAL NOTES

📅	DATE	🕐	TIME
📍	LOCATION	🌡️	TEMPERATURE AVG
🌡️	TEMPERATURE MIN	🌡️	TEMPERATURE MAX
🧭	WIND DIRECTION	💨	WIND SPEED
💧	HUMIDITY	💧	PRECIPITATION
☁️	CLOUDS	◎	ISOBARS

📅	DATE	🕐	TIME
📍	LOCATION	🌡️	TEMPERATURE AVG
🌡️	TEMPERATURE MIN	🌡️	TEMPERATURE MAX
🧭	WIND DIRECTION	💨	WIND SPEED
💧	HUMIDITY	💧	PRECIPITATION
☁️	CLCUDS	◎	ISOBARS

📅	DATE	🕐	TIME
📍	LOCATION	🌡️	TEMPERATURE AVG
🌡️	TEMPERATURE MIN	🌡️	TEMPERATURE MAX
🧭	WIND DIRECTION	💨	WIND SPEED
💧	HUMIDITY	💧	PRECIPITATION
☁️	CLOUDS	◎	ISOBARS

ADDITIONAL NOTES

📅 DATE	🕐 TIME
📍 LOCATION	🌡️ TEMPERATURE AVG
🌡️ TEMPERATURE MIN	🌡️ TEMPERATURE MAX
🧭 WIND DIRECTION	💨 WIND SPEED
💧 HUMIDITY	💦 PRECIPITATION
☁️ CLOUDS	◎ ISOBARS

📅 DATE	🕐 TIME
📍 LOCATION	🌡️ TEMPERATURE AVG
🌡️ TEMPERATURE MIN	🌡️ TEMPERATURE MAX
🧭 WIND DIRECTION	💨 WIND SPEED
💧 HUMIDITY	💦 PRECIPITATION
☁️ CLOUDS	◎ ISOBARS

📅 DATE	🕐 TIME
📍 LOCATION	🌡️ TEMPERATURE AVG
🌡️ TEMPERATURE MIN	🌡️ TEMPERATURE MAX
🧭 WIND DIRECTION	💨 WIND SPEED
💧 HUMIDITY	💦 PRECIPITATION
☁️ CLOUDS	◎ ISOBARS

📝 ADDITIONAL NOTES

📅 DATE	🕐 TIME
📍 LOCATION	🌡️ TEMPERATURE AVG
🌡️ TEMPERATURE MIN	🌡️ TEMPERATURE MAX
🧭 WIND DIRECTION	💨 WIND SPEED
💧 HUMIDITY	💧 PRECIPITATION
☁️ CLOUDS	◎ ISOBARS

📅 DATE	🕐 TIME
📍 LOCATION	🌡️ TEMPERATURE AVG
🌡️ TEMPERATURE MIN	🌡️ TEMPERATURE MAX
🧭 WIND DIRECTION	💨 WIND SPEED
💧 HUMIDITY	💧 PRECIPITATION
☁️ CLOUDS	◎ ISOBARS

📅 DATE	🕐 TIME
📍 LOCATION	🌡️ TEMPERATURE AVG
🌡️ TEMPERATURE MIN	🌡️ TEMPERATURE MAX
🧭 WIND DIRECTION	💨 WIND SPEED
💧 HUMIDITY	💧 PRECIPITATION
☁️ CLOUDS	◎ ISOBARS

📝 ADDITIONAL NOTES

📅 DATE	🕐 TIME
📍 LOCATION	🌡️ TEMPERATURE AVG
🌡️ TEMPERATURE MIN	🌡️ TEMPERATURE MAX
🧭 WIND DIRECTION	💨 WIND SPEED
💧 HUMIDITY	💧 PRECIPITATION
☁️ CLOUDS	◎ ISOBARS

📅 DATE	🕐 TIME
📍 LOCATION	🌡️ TEMPERATURE AVG
🌡️ TEMPERATURE MIN	🌡️ TEMPERATURE MAX
🧭 WIND DIRECTION	💨 WIND SPEED
💧 HUMIDITY	💧 PRECIPITATION
☁️ CLOUDS	◎ ISOBARS

📅 DATE	🕐 TIME
📍 LOCATION	🌡️ TEMPERATURE AVG
🌡️ TEMPERATURE MIN	🌡️ TEMPERATURE MAX
🧭 WIND DIRECTION	💨 WIND SPEED
💧 HUMIDITY	💧 PRECIPITATION
☁️ CLOUDS	◎ ISOBARS

📝 ADDITIONAL NOTES

📅	DATE	🕐	TIME
📍	LOCATION	🌡️	TEMPERATURE AVG
🌡️	TEMPERATURE MIN	🌡️	TEMPERATURE MAX
🧭	WIND DIRECTION	💨	WIND SPEED
💧	HUMIDITY	💧	PRECIPITATION
☁️	CLOUDS	◎	ISOBARS

📅	DATE	🕐	TIME
📍	LOCATION	🌡️	TEMPERATURE AVG
🌡️	TEMPERATURE MIN	🌡️	TEMPERATURE MAX
🧭	WIND DIRECTION	💨	WIND SPEED
💧	HUMIDITY	💧	PRECIPITATION
☁️	CLOUDS	◎	ISOBARS

📅	DATE	🕐	TIME
📍	LOCATION	🌡️	TEMPERATURE AVG
🌡️	TEMPERATURE MIN	🌡️	TEMPERATURE MAX
🧭	WIND DIRECTION	💨	WIND SPEED
💧	HUMIDITY	💧	PRECIPITATION
☁️	CLOUDS	◎	ISOBARS

ADDITIONAL NOTES

DATE	TIME
LOCATION	TEMPERATURE AVG
TEMPERATURE MIN	TEMPERATURE MAX
WIND DIRECTION	WIND SPEED
HUMIDITY	PRECIPITATION
CLOUDS	ISOBARS

DATE	TIME
LOCATION	TEMPERATURE AVG
TEMPERATURE MIN	TEMPERATURE MAX
WIND DIRECTION	WIND SPEED
HUMIDITY	PRECIPITATION
CLOUDS	ISOBARS

DATE	TIME
LOCATION	TEMPERATURE AVG
TEMPERATURE MIN	TEMPERATURE MAX
WIND DIRECTION	WIND SPEED
HUMIDITY	PRECIPITATION
CLOUDS	ISOBARS

ADDITIONAL NOTES

📅 DATE		🕐 TIME	
📍 LOCATION		🌡️ TEMPERATURE AVG	
🌡️ TEMPERATURE MIN		🌡️ TEMPERATURE MAX	
🧭 WIND DIRECTION		💨 WIND SPEED	
💧 HUMIDITY		💧 PRECIPITATION	
☁️ CLOUDS		◎ ISOBARS	

📅 DATE		🕐 TIME	
📍 LOCATION		🌡️ TEMPERATURE AVG	
🌡️ TEMPERATURE MIN		🌡️ TEMPERATURE MAX	
🧭 WIND DIRECTION		💨 WIND SPEED	
💧 HUMIDITY		💧 PRECIPITATION	
☁️ CLOUDS		◎ ISOBARS	

📅 DATE		🕐 TIME	
📍 LOCATION		🌡️ TEMPERATURE AVG	
🌡️ TEMPERATURE MIN		🌡️ TEMPERATURE MAX	
🧭 WIND DIRECTION		💨 WIND SPEED	
💧 HUMIDITY		💧 PRECIPITATION	
☁️ CLOUDS		◎ ISOBARS	

📝 ADDITIONAL NOTES

DATE	TIME
LOCATION	TEMPERATURE AVG
TEMPERATURE MIN	TEMPERATURE MAX
WIND DIRECTION	WIND SPEED
HUMIDITY	PRECIPITATION
CLOUDS	ISOBARS

DATE	TIME
LOCATION	TEMPERATURE AVG
TEMPERATURE MIN	TEMPERATURE MAX
WIND DIRECTION	WIND SPEED
HUMIDITY	PRECIPITATION
CLOUDS	ISOBARS

DATE	TIME
LOCATION	TEMPERATURE AVG
TEMPERATURE MIN	TEMPERATURE MAX
WIND DIRECTION	WIND SPEED
HUMIDITY	PRECIPITATION
CLOUDS	ISOBARS

ADDITIONAL NOTES

📅	DATE	🕐	TIME
📍	LOCATION	🌡️	TEMPERATURE AVG
🌡️	TEMPERATURE MIN	🌡️	TEMPERATURE MAX
🧭	WIND DIRECTION	💨	WIND SPEED
💧	HUMIDITY	💦	PRECIPITATION
☁️	CLOUDS	◎	ISOBARS

📅	DATE	🕐	TIME
📍	LOCATION	🌡️	TEMPERATURE AVG
🌡️	TEMPERATURE MIN	🌡️	TEMPERATURE MAX
🧭	WIND DIRECTION	💨	WIND SPEED
💧	HUMIDITY	💦	PRECIPITATION
☁️	CLOUDS	◎	ISOBARS

📅	DATE	🕐	TIME
📍	LOCATION	🌡️	TEMPERATURE AVG
🌡️	TEMPERATURE MIN	🌡️	TEMPERATURE MAX
🧭	WIND DIRECTION	💨	WIND SPEED
💧	HUMIDITY	💦	PRECIPITATION
☁️	CLOUDS	◎	ISOBARS

ADDITIONAL NOTES

📅	DATE	🕐	TIME
📍	LOCATION	🌡️	TEMPERATURE AVG
🌡️	TEMPERATURE MIN	🌡️	TEMPERATURE MAX
🧭	WIND DIRECTION	💨	WIND SPEED
💧	HUMIDITY	💧	PRECIPITATION
☁️	CLOUDS	◎	ISOBARS

📅	DATE	🕐	TIME
📍	LOCATION	🌡️	TEMPERATURE AVG
🌡️	TEMPERATURE MIN	🌡️	TEMPERATURE MAX
🧭	WIND DIRECTION	💨	WIND SPEED
💧	HUMIDITY	💧	PRECIPITATION
☁️	CLOUDS	◎	ISOBARS

📅	DATE	🕐	TIME
📍	LOCATION	🌡️	TEMPERATURE AVG
🌡️	TEMPERATURE MIN	🌡️	TEMPERATURE MAX
🧭	WIND DIRECTION	💨	WIND SPEED
💧	HUMIDITY	💧	PRECIPITATION
☁️	CLOUDS	◎	ISOBARS

📝 ADDITIONAL NOTES

📅	DATE	🕐	TIME
📍	LOCATION	🌡️	TEMPERATURE AVG
🌡️	TEMPERATURE MIN	🌡️	TEMPERATURE MAX
🧭	WIND DIRECTION	💨	WIND SPEED
💧	HUMIDITY	💧	PRECIPITATION
☁️	CLOUDS	◎	ISOBARS

📅	DATE	🕐	TIME
📍	LOCATION	🌡️	TEMPERATURE AVG
🌡️	TEMPERATURE MIN	🌡️	TEMPERATURE MAX
🧭	WIND DIRECTION	💨	WIND SPEED
💧	HUMIDITY	💧	PRECIPITATION
☁️	CLOUDS	◎	ISOBARS

📅	DATE	🕐	TIME
📍	LOCATION	🌡️	TEMPERATURE AVG
🌡️	TEMPERATURE MIN	🌡️	TEMPERATURE MAX
🧭	WIND DIRECTION	💨	WIND SPEED
💧	HUMIDITY	💧	PRECIPITATION
☁️	CLOUDS	◎	ISOBARS

📝	ADDITIONAL NOTES

DATE		TIME	
LOCATION		TEMPERATURE AVG	
TEMPERATURE MIN		TEMPERATURE MAX	
WIND DIRECTION		WIND SPEED	
HUMIDITY		PRECIPITATION	
CLOUDS		ISOBARS	

DATE		TIME	
LOCATION		TEMPERATURE AVG	
TEMPERATURE MIN		TEMPERATURE MAX	
WIND DIRECTION		WIND SPEED	
HUMIDITY		PRECIPITATION	
CLOUDS		ISOBARS	

DATE		TIME	
LOCATION		TEMPERATURE AVG	
TEMPERATURE MIN		TEMPERATURE MAX	
WIND DIRECTION		WIND SPEED	
HUMIDITY		PRECIPITATION	
CLOUDS		ISOBARS	

ADDITIONAL NOTES

DATE	TIME
LOCATION	TEMPERATURE AVG
TEMPERATURE MIN	TEMPERATURE MAX
WIND DIRECTION	WIND SPEED
HUMIDITY	PRECIPITATION
CLOUDS	ISOBARS

DATE	TIME
LOCATION	TEMPERATURE AVG
TEMPERATURE MIN	TEMPERATURE MAX
WIND DIRECTION	WIND SPEED
HUMIDITY	PRECIPITATION
CLCUDS	ISOBARS

DATE	TIME
LOCATION	TEMPERATURE AVG
TEMPERATURE MIN	TEMPERATURE MAX
WIND DIRECTION	WIND SPEED
HUMIDITY	PRECIPITATION
CLOUDS	ISOBARS

ADDITIONAL NOTES

📅 DATE		🕐 TIME	
📍 LOCATION		🌡️ TEMPERATURE AVG	
🌡️ TEMPERATURE MIN		🌡️ TEMPERATURE MAX	
🧭 WIND DIRECTION		💨 WIND SPEED	
💧 HUMIDITY		💦 PRECIPITATION	
☁️ CLOUDS		◎ ISOBARS	

📅 DATE		🕐 TIME	
📍 LOCATION		🌡️ TEMPERATURE AVG	
🌡️ TEMPERATURE MIN		🌡️ TEMPERATURE MAX	
🧭 WIND DIRECTION		💨 WIND SPEED	
💧 HUMIDITY		💦 PRECIPITATION	
☁️ CLOUDS		◎ ISOBARS	

📅 DATE		🕐 TIME	
📍 LOCATION		🌡️ TEMPERATURE AVG	
🌡️ TEMPERATURE MIN		🌡️ TEMPERATURE MAX	
🧭 WIND DIRECTION		💨 WIND SPEED	
💧 HUMIDITY		💦 PRECIPITATION	
☁️ CLOUDS		◎ ISOBARS	

📝 ADDITIONAL NOTES

📅 DATE	🕐 TIME
📍 LOCATION	🌡️ TEMPERATURE AVG
🌡️ TEMPERATURE MIN	🌡️ TEMPERATURE MAX
🧭 WIND DIRECTION	💨 WIND SPEED
💧 HUMIDITY	💧 PRECIPITATION
☁️ CLOUDS	◎ ISOBARS

📅 DATE	🕐 TIME
📍 LOCATION	🌡️ TEMPERATURE AVG
🌡️ TEMPERATURE MIN	🌡️ TEMPERATURE MAX
🧭 WIND DIRECTION	💨 WIND SPEED
💧 HUMIDITY	💧 PRECIPITATION
☁️ CLOUDS	◎ ISOBARS

📅 DATE	🕐 TIME
📍 LOCATION	🌡️ TEMPERATURE AVG
🌡️ TEMPERATURE MIN	🌡️ TEMPERATURE MAX
🧭 WIND DIRECTION	💨 WIND SPEED
💧 HUMIDITY	💧 PRECIPITATION
☁️ CLOUDS	◎ ISOBARS

📝 ADDITIONAL NOTES

📅 DATE	🕐 TIME
📍 LOCATION	🌡️ TEMPERATURE AVG
❄️🌡️ TEMPERATURE MIN	☀️🌡️ TEMPERATURE MAX
🧭 WIND DIRECTION	💨 WIND SPEED
💧 HUMIDITY	💦 PRECIPITATION
☁️ CLOUDS	◎ ISOBARS

📅 DATE	🕐 TIME
📍 LOCATION	🌡️ TEMPERATURE AVG
❄️🌡️ TEMPERATURE MIN	☀️🌡️ TEMPERATURE MAX
🧭 WIND DIRECTION	💨 WIND SPEED
💧 HUMIDITY	💦 PRECIPITATION
☁️ CLOUDS	◎ ISOBARS

📅 DATE	🕐 TIME
📍 LOCATION	🌡️ TEMPERATURE AVG
❄️🌡️ TEMPERATURE MIN	☀️🌡️ TEMPERATURE MAX
🧭 WIND DIRECTION	💨 WIND SPEED
💧 HUMIDITY	💦 PRECIPITATION
☁️ CLOUDS	◎ ISOBARS

✏️ ADDITIONAL NOTES

📅 DATE	🕐 TIME
📍 LOCATION	🌡️ TEMPERATURE AVG
🌡️ TEMPERATURE MIN	🌡️ TEMPERATURE MAX
🧭 WIND DIRECTION	💨 WIND SPEED
💧 HUMIDITY	💦 PRECIPITATION
☁️ CLOUDS	◎ ISOBARS

📅 DATE	🕐 TIME
📍 LOCATION	🌡️ TEMPERATURE AVG
🌡️ TEMPERATURE MIN	🌡️ TEMPERATURE MAX
🧭 WIND DIRECTION	💨 WIND SPEED
💧 HUMIDITY	💦 PRECIPITATION
☁️ CLOUDS	◎ ISOBARS

📅 DATE	🕐 TIME
📍 LOCATION	🌡️ TEMPERATURE AVG
🌡️ TEMPERATURE MIN	🌡️ TEMPERATURE MAX
🧭 WIND DIRECTION	💨 WIND SPEED
💧 HUMIDITY	💦 PRECIPITATION
☁️ CLOUDS	◎ ISOBARS

📝 ADDITIONAL NOTES

DATE	TIME
LOCATION	TEMPERATURE AVG
TEMPERATURE MIN	TEMPERATURE MAX
WIND DIRECTION	WIND SPEED
HUMIDITY	PRECIPITATION
CLOUDS	ISOBARS

DATE	TIME
LOCATION	TEMPERATURE AVG
TEMPERATURE MIN	TEMPERATURE MAX
WIND DIRECTION	WIND SPEED
HUMIDITY	PRECIPITATION
CLOUDS	ISOBARS

DATE	TIME
LOCATION	TEMPERATURE AVG
TEMPERATURE MIN	TEMPERATURE MAX
WIND DIRECTION	WIND SPEED
HUMIDITY	PRECIPITATION
CLOUDS	ISOBARS

ADDITIONAL NOTES

📅	DATE	🕐	TIME
📍	LOCATION	🌡️	TEMPERATURE AVG
🌡️	TEMPERATURE MIN	🌡️	TEMPERATURE MAX
🧭	WIND DIRECTION	💨	WIND SPEED
💧	HUMIDITY	💧	PRECIPITATION
☁️	CLOUDS	◎	ISOBARS

📅	DATE	🕐	TIME
📍	LOCATION	🌡️	TEMPERATURE AVG
🌡️	TEMPERATURE MIN	🌡️	TEMPERATURE MAX
🧭	WIND DIRECTION	💨	WIND SPEED
💧	HUMIDITY	💧	PRECIPITATION
☁️	CLOUDS	◎	ISOBARS

📅	DATE	🕐	TIME
📍	LOCATION	🌡️	TEMPERATURE AVG
🌡️	TEMPERATURE MIN	🌡️	TEMPERATURE MAX
🧭	WIND DIRECTION	💨	WIND SPEED
💧	HUMIDITY	💧	PRECIPITATION
☁️	CLOUDS	◎	ISOBARS

📝	ADDITIONAL NOTES

📅 DATE		🕐 TIME	
📍 LOCATION		🌡️ TEMPERATURE AVG	
🌡️ TEMPERATURE MIN		🌡️ TEMPERATURE MAX	
🧭 WIND DIRECTION		💨 WIND SPEED	
💧 HUMIDITY		💦 PRECIPITATION	
☁️ CLOUDS		◎ ISOBARS	

📅 DATE		🕐 TIME	
📍 LOCATION		🌡️ TEMPERATURE AVG	
🌡️ TEMPERATURE MIN		🌡️ TEMPERATURE MAX	
🧭 WIND DIRECTION		💨 WIND SPEED	
💧 HUMIDITY		💦 PRECIPITATION	
☁️ CLOUDS		◎ ISOBARS	

📅 DATE		🕐 TIME	
📍 LOCATION		🌡️ TEMPERATURE AVG	
🌡️ TEMPERATURE MIN		🌡️ TEMPERATURE MAX	
🧭 WIND DIRECTION		💨 WIND SPEED	
💧 HUMIDITY		💦 PRECIPITATION	
☁️ CLOUDS		◎ ISOBARS	

✏️ ADDITIONAL NOTES

📅 DATE	🕐 TIME
📍 LOCATION	🌡️ TEMPERATURE AVG
🌡️ TEMPERATURE MIN	🌡️ TEMPERATURE MAX
🧭 WIND DIRECTION	💨 WIND SPEED
💧 HUMIDITY	💧 PRECIPITATION
☁️ CLOUDS	◎ ISOBARS

📅 DATE	🕐 TIME
📍 LOCATION	🌡️ TEMPERATURE AVG
🌡️ TEMPERATURE MIN	🌡️ TEMPERATURE MAX
🧭 WIND DIRECTION	💨 WIND SPEED
💧 HUMIDITY	💧 PRECIPITATION
☁️ CLOUDS	◎ ISOBARS

📅 DATE	🕐 TIME
📍 LOCATION	🌡️ TEMPERATURE AVG
🌡️ TEMPERATURE MIN	🌡️ TEMPERATURE MAX
🧭 WIND DIRECTION	💨 WIND SPEED
💧 HUMIDITY	💧 PRECIPITATION
☁️ CLOUDS	◎ ISOBARS

📝 ADDITIONAL NOTES

📅 DATE		🕐 TIME	
📍 LOCATION		🌡️ TEMPERATURE AVG	
🌡️ TEMPERATURE MIN		🌡️ TEMPERATURE MAX	
🧭 WIND DIRECTION		💨 WIND SPEED	
💧 HUMIDITY		💧 PRECIPITATION	
☁️ CLOUDS		◎ ISOBARS	

📅 DATE		🕐 TIME	
📍 LOCATION		🌡️ TEMPERATURE AVG	
🌡️ TEMPERATURE MIN		🌡️ TEMPERATURE MAX	
🧭 WIND DIRECTION		💨 WIND SPEED	
💧 HUMIDITY		💧 PRECIPITATION	
☁️ CLOUDS		◎ ISOBARS	

📅 DATE		🕐 TIME	
📍 LOCATION		🌡️ TEMPERATURE AVG	
🌡️ TEMPERATURE MIN		🌡️ TEMPERATURE MAX	
🧭 WIND DIRECTION		💨 WIND SPEED	
💧 HUMIDITY		💧 PRECIPITATION	
☁️ CLOUDS		◎ ISOBARS	

📝 ADDITIONAL NOTES

📅	DATE	🕐	TIME
📍	LOCATION	🌡️	TEMPERATURE AVG
🌡️	TEMPERATURE MIN	🌡️	TEMPERATURE MAX
🧭	WIND DIRECTION	💨	WIND SPEED
💧	HUMIDITY	💦	PRECIPITATION
☁️	CLOUDS	◎	ISOBARS

📅	DATE	🕐	TIME
📍	LOCATION	🌡️	TEMPERATURE AVG
🌡️	TEMPERATURE MIN	🌡️	TEMPERATURE MAX
🧭	WIND DIRECTION	💨	WIND SPEED
💧	HUMIDITY	💦	PRECIPITATION
☁️	CLOUDS	◎	ISOBARS

📅	DATE	🕐	TIME
📍	LOCATION	🌡️	TEMPERATURE AVG
🌡️	TEMPERATURE MIN	🌡️	TEMPERATURE MAX
🧭	WIND DIRECTION	💨	WIND SPEED
💧	HUMIDITY	💦	PRECIPITATION
☁️	CLOUDS	◎	ISOBARS

ADDITIONAL NOTES

📅 DATE	🕐 TIME
📍 LOCATION	🌡️ TEMPERATURE AVG
🌡️ TEMPERATURE MIN	🌡️ TEMPERATURE MAX
🧭 WIND DIRECTION	💨 WIND SPEED
💧 HUMIDITY	💦 PRECIPITATION
☁️ CLOUDS	◎ ISOBARS

📅 DATE	🕐 TIME
📍 LOCATION	🌡️ TEMPERATURE AVG
🌡️ TEMPERATURE MIN	🌡️ TEMPERATURE MAX
🧭 WIND DIRECTION	💨 WIND SPEED
💧 HUMIDITY	💦 PRECIPITATION
☁️ CLOUDS	◎ ISOBARS

📅 DATE	🕐 TIME
📍 LOCATION	🌡️ TEMPERATURE AVG
🌡️ TEMPERATURE MIN	🌡️ TEMPERATURE MAX
🧭 WIND DIRECTION	💨 WIND SPEED
💧 HUMIDITY	💦 PRECIPITATION
☁️ CLOUDS	◎ ISOBARS

📝 ADDITIONAL NOTES

📅 DATE		🕐 TIME	
📍 LOCATION		🌡️ TEMPERATURE AVG	
🌡️ TEMPERATURE MIN		🌡️ TEMPERATURE MAX	
🧭 WIND DIRECTION		💨 WIND SPEED	
💧 HUMIDITY		💦 PRECIPITATION	
☁️ CLOUDS		◎ ISOBARS	

📅 DATE		🕐 TIME	
📍 LOCATION		🌡️ TEMPERATURE AVG	
🌡️ TEMPERATURE MIN		🌡️ TEMPERATURE MAX	
🧭 WIND DIRECTION		💨 WIND SPEED	
💧 HUMIDITY		💦 PRECIPITATION	
☁️ CLOUDS		◎ ISOBARS	

📅 DATE		🕐 TIME	
📍 LOCATION		🌡️ TEMPERATURE AVG	
🌡️ TEMPERATURE MIN		🌡️ TEMPERATURE MAX	
🧭 WIND DIRECTION		💨 WIND SPEED	
💧 HUMIDITY		💦 PRECIPITATION	
☁️ CLOUDS		◎ ISOBARS	

ADDITIONAL NOTES

DATE	TIME
LOCATION	TEMPERATURE AVG
TEMPERATURE MIN	TEMPERATURE MAX
WIND DIRECTION	WIND SPEED
HUMIDITY	PRECIPITATION
CLOUDS	ISOBARS

DATE	TIME
LOCATION	TEMPERATURE AVG
TEMPERATURE MIN	TEMPERATURE MAX
WIND DIRECTION	WIND SPEED
HUMIDITY	PRECIPITATION
CLOUDS	ISOBARS

DATE	TIME
LOCATION	TEMPERATURE AVG
TEMPERATURE MIN	TEMPERATURE MAX
WIND DIRECTION	WIND SPEED
HUMIDITY	PRECIPITATION
CLOUDS	ISOBARS

ADDITIONAL NOTES

📅 DATE		🕐 TIME	
📍 LOCATION		🌡️ TEMPERATURE AVG	
🌡️ TEMPERATURE MIN		🌡️ TEMPERATURE MAX	
🧭 WIND DIRECTION		💨 WIND SPEED	
💧 HUMIDITY		💦 PRECIPITATION	
☁️ CLOUDS		◎ ISOBARS	

📅 DATE		🕐 TIME	
📍 LOCATION		🌡️ TEMPERATURE AVG	
🌡️ TEMPERATURE MIN		🌡️ TEMPERATURE MAX	
🧭 WIND DIRECTION		💨 WIND SPEED	
💧 HUMIDITY		💦 PRECIPITATION	
☁️ CLOUDS		◎ ISOBARS	

📅 DATE		🕐 TIME	
📍 LOCATION		🌡️ TEMPERATURE AVG	
🌡️ TEMPERATURE MIN		🌡️ TEMPERATURE MAX	
🧭 WIND DIRECTION		💨 WIND SPEED	
💧 HUMIDITY		💦 PRECIPITATION	
☁️ CLOUDS		◎ ISOBARS	

ADDITIONAL NOTES

DATE	TIME
LOCATION	TEMPERATURE AVG
TEMPERATURE MIN	TEMPERATURE MAX
WIND DIRECTION	WIND SPEED
HUMIDITY	PRECIPITATION
CLOUDS	ISOBARS

DATE	TIME
LOCATION	TEMPERATURE AVG
TEMPERATURE MIN	TEMPERATURE MAX
WIND DIRECTION	WIND SPEED
HUMIDITY	PRECIPITATION
CLOUDS	ISOBARS

DATE	TIME
LOCATION	TEMPERATURE AVG
TEMPERATURE MIN	TEMPERATURE MAX
WIND DIRECTION	WIND SPEED
HUMIDITY	PRECIPITATION
CLOUDS	ISOBARS

ADDITIONAL NOTES

📅 DATE		🕐 TIME	
📍 LOCATION		🌡️ TEMPERATURE AVG	
🌡️ TEMPERATURE MIN		🌡️ TEMPERATURE MAX	
🧭 WIND DIRECTION		💨 WIND SPEED	
💧 HUMIDITY		💧 PRECIPITATION	
☁️ CLOUDS		◎ ISOBARS	

📅 DATE		🕐 TIME	
📍 LOCATION		🌡️ TEMPERATURE AVG	
🌡️ TEMPERATURE MIN		🌡️ TEMPERATURE MAX	
🧭 WIND DIRECTION		💨 WIND SPEED	
💧 HUMIDITY		💧 PRECIPITATION	
☁️ CLOUDS		◎ ISOBARS	

📅 DATE		🕐 TIME	
📍 LOCATION		🌡️ TEMPERATURE AVG	
🌡️ TEMPERATURE MIN		🌡️ TEMPERATURE MAX	
🧭 WIND DIRECTION		💨 WIND SPEED	
💧 HUMIDITY		💧 PRECIPITATION	
☁️ CLOUDS		◎ ISOBARS	

ADDITIONAL NOTES

📅 DATE		🕐 TIME	
📍 LOCATION		🌡️ TEMPERATURE AVG	
🌡️ TEMPERATURE MIN		🌡️ TEMPERATURE MAX	
🧭 WIND DIRECTION		💨 WIND SPEED	
💧 HUMIDITY		💦 PRECIPITATION	
☁️ CLOUDS		◎ ISOBARS	

📅 DATE		🕐 TIME	
📍 LOCATION		🌡️ TEMPERATURE AVG	
🌡️ TEMPERATURE MIN		🌡️ TEMPERATURE MAX	
🧭 WIND DIRECTION		💨 WIND SPEED	
💧 HUMIDITY		💦 PRECIPITATION	
☁️ CLOUDS		◎ ISOBARS	

📅 DATE		🕐 TIME	
📍 LOCATION		🌡️ TEMPERATURE AVG	
🌡️ TEMPERATURE MIN		🌡️ TEMPERATURE MAX	
🧭 WIND DIRECTION		💨 WIND SPEED	
💧 HUMIDITY		💦 PRECIPITATION	
☁️ CLOUDS		◎ ISOBARS	

📝 ADDITIONAL NOTES

📅	DATE	🕐	TIME
📍	LOCATION	🌡️	TEMPERATURE AVG
🌡️	TEMPERATURE MIN	🌡️	TEMPERATURE MAX
🧭	WIND DIRECTION	💨	WIND SPEED
💧	HUMIDITY	💦	PRECIPITATION
☁️	CLOUDS	◎	ISOBARS

📅	DATE	🕐	TIME
📍	LOCATION	🌡️	TEMPERATURE AVG
🌡️	TEMPERATURE MIN	🌡️	TEMPERATURE MAX
🧭	WIND DIRECTION	💨	WIND SPEED
💧	HUMIDITY	💦	PRECIPITATION
☁️	CLOUDS	◎	ISOBARS

📅	DATE	🕐	TIME
📍	LOCATION	🌡️	TEMPERATURE AVG
🌡️	TEMPERATURE MIN	🌡️	TEMPERATURE MAX
🧭	WIND DIRECTION	💨	WIND SPEED
💧	HUMIDITY	💦	PRECIPITATION
☁️	CLOUDS	◎	ISOBARS

📝 ADDITIONAL NOTES

📅 DATE	🕐 TIME
📍 LOCATION	🌡️ TEMPERATURE AVG
🌡️ TEMPERATURE MIN	🌡️ TEMPERATURE MAX
🧭 WIND DIRECTION	💨 WIND SPEED
💧 HUMIDITY	💧 PRECIPITATION
☁️ CLOUDS	◎ ISOBARS

📅 DATE	🕐 TIME
📍 LOCATION	🌡️ TEMPERATURE AVG
🌡️ TEMPERATURE MIN	🌡️ TEMPERATURE MAX
🧭 WIND DIRECTION	💨 WIND SPEED
💧 HUMIDITY	💧 PRECIPITATION
☁️ CLOUDS	◎ ISOBARS

📅 DATE	🕐 TIME
📍 LOCATION	🌡️ TEMPERATURE AVG
🌡️ TEMPERATURE MIN	🌡️ TEMPERATURE MAX
🧭 WIND DIRECTION	💨 WIND SPEED
💧 HUMIDITY	💧 PRECIPITATION
☁️ CLOUDS	◎ ISOBARS

📝 ADDITIONAL NOTES

📅 DATE		🕐 TIME	
📍 LOCATION		🌡️ TEMPERATURE AVG	
🌡️ TEMPERATURE MIN		🌡️ TEMPERATURE MAX	
🧭 WIND DIRECTION		💨 WIND SPEED	
💧 HUMIDITY		💧 PRECIPITATION	
☁️ CLOUDS		◎ ISOBARS	

📅 DATE		🕐 TIME	
📍 LOCATION		🌡️ TEMPERATURE AVG	
🌡️ TEMPERATURE MIN		🌡️ TEMPERATURE MAX	
🧭 WIND DIRECTION		💨 WIND SPEED	
💧 HUMIDITY		💧 PRECIPITATION	
☁️ CLOUDS		◎ ISOBARS	

📅 DATE		🕐 TIME	
📍 LOCATION		🌡️ TEMPERATURE AVG	
🌡️ TEMPERATURE MIN		🌡️ TEMPERATURE MAX	
🧭 WIND DIRECTION		💨 WIND SPEED	
💧 HUMIDITY		💧 PRECIPITATION	
☁️ CLOUDS		◎ ISOBARS	

📝 ADDITIONAL NOTES

DATE	TIME
LOCATION	TEMPERATURE AVG
TEMPERATURE MIN	TEMPERATURE MAX
WIND DIRECTION	WIND SPEED
HUMIDITY	PRECIPITATION
CLOUDS	ISOBARS

DATE	TIME
LOCATION	TEMPERATURE AVG
TEMPERATURE MIN	TEMPERATURE MAX
WIND DIRECTION	WIND SPEED
HUMIDITY	PRECIPITATION
CLOUDS	ISOBARS

DATE	TIME
LOCATION	TEMPERATURE AVG
TEMPERATURE MIN	TEMPERATURE MAX
WIND DIRECTION	WIND SPEED
HUMIDITY	PRECIPITATION
CLOUDS	ISOBARS

ADDITIONAL NOTES

DATE	TIME
LOCATION	TEMPERATURE AVG
TEMPERATURE MIN	TEMPERATURE MAX
WIND DIRECTION	WIND SPEED
HUMIDITY	PRECIPITATION
CLOUDS	ISOBARS

DATE	TIME
LOCATION	TEMPERATURE AVG
TEMPERATURE MIN	TEMPERATURE MAX
WIND DIRECTION	WIND SPEED
HUMIDITY	PRECIPITATION
CLOUDS	ISOBARS

DATE	TIME
LOCATION	TEMPERATURE AVG
TEMPERATURE MIN	TEMPERATURE MAX
WIND DIRECTION	WIND SPEED
HUMIDITY	PRECIPITATION
CLOUDS	ISOBARS

ADDITIONAL NOTES

📅 DATE		🕐 TIME	
📍 LOCATION		🌡️ TEMPERATURE AVG	
🌡️ TEMPERATURE MIN		🌡️ TEMPERATURE MAX	
🧭 WIND DIRECTION		💨 WIND SPEED	
💧 HUMIDITY		💧 PRECIPITATION	
☁️ CLOUDS		◎ ISOBARS	

📅 DATE		🕐 TIME	
📍 LOCATION		🌡️ TEMPERATURE AVG	
🌡️ TEMPERATURE MIN		🌡️ TEMPERATURE MAX	
🧭 WIND DIRECTION		💨 WIND SPEED	
💧 HUMIDITY		💧 PRECIPITATION	
☁️ CLOUDS		◎ ISOBARS	

📅 DATE		🕐 TIME	
📍 LOCATION		🌡️ TEMPERATURE AVG	
🌡️ TEMPERATURE MIN		🌡️ TEMPERATURE MAX	
🧭 WIND DIRECTION		💨 WIND SPEED	
💧 HUMIDITY		💧 PRECIPITATION	
☁️ CLOUDS		◎ ISOBARS	

📝 ADDITIONAL NOTES

DATE		TIME	
LOCATION		TEMPERATURE AVG	
TEMPERATURE MIN		TEMPERATURE MAX	
WIND DIRECTION		WIND SPEED	
HUMIDITY		PRECIPITATION	
CLOUDS		ISOBARS	

DATE		TIME	
LOCATION		TEMPERATURE AVG	
TEMPERATURE MIN		TEMPERATURE MAX	
WIND DIRECTION		WIND SPEED	
HUMIDITY		PRECIPITATION	
CLOUDS		ISOBARS	

DATE		TIME	
LOCATION		TEMPERATURE AVG	
TEMPERATURE MIN		TEMPERATURE MAX	
WIND DIRECTION		WIND SPEED	
HUMIDITY		PRECIPITATION	
CLOUDS		ISOBARS	

ADDITIONAL NOTES

📅 DATE	🕐 TIME
📍 LOCATION	🌡️ TEMPERATURE AVG
🌡️ TEMPERATURE MIN	🌡️ TEMPERATURE MAX
🧭 WIND DIRECTION	💨 WIND SPEED
💧 HUMIDITY	💦 PRECIPITATION
☁️ CLOUDS	◎ ISOBARS

📅 DATE	🕐 TIME
📍 LOCATION	🌡️ TEMPERATURE AVG
🌡️ TEMPERATURE MIN	🌡️ TEMPERATURE MAX
🧭 WIND DIRECTION	💨 WIND SPEED
💧 HUMIDITY	💦 PRECIPITATION
☁️ CLOUDS	◎ ISOBARS

📅 DATE	🕐 TIME
📍 LOCATION	🌡️ TEMPERATURE AVG
🌡️ TEMPERATURE MIN	🌡️ TEMPERATURE MAX
🧭 WIND DIRECTION	💨 WIND SPEED
💧 HUMIDITY	💦 PRECIPITATION
☁️ CLOUDS	◎ ISOBARS

📝 ADDITIONAL NOTES

📅	DATE	🕐	TIME
📍	LOCATION	🌡	TEMPERATURE AVG
🌡	TEMPERATURE MIN	🌡	TEMPERATURE MAX
🧭	WIND DIRECTION	💨	WIND SPEED
💧	HUMIDITY	💦	PRECIPITATION
☁	CLOUDS	◎	ISOBARS

📅	DATE	🕐	TIME
📍	LOCATION	🌡	TEMPERATURE AVG
🌡	TEMPERATURE MIN	🌡	TEMPERATURE MAX
🧭	WIND DIRECTION	💨	WIND SPEED
💧	HUMIDITY	💦	PRECIPITATION
☁	CLOUDS	◎	ISOBARS

📅	DATE	🕐	TIME
📍	LOCATION	🌡	TEMPERATURE AVG
🌡	TEMPERATURE MIN	🌡	TEMPERATURE MAX
🧭	WIND DIRECTION	💨	WIND SPEED
💧	HUMIDITY	💦	PRECIPITATION
☁	CLOUDS	◎	ISOBARS

📝 ADDITIONAL NOTES

DATE	TIME
LOCATION	TEMPERATURE AVG
TEMPERATURE MIN	TEMPERATURE MAX
WIND DIRECTION	WIND SPEED
HUMIDITY	PRECIPITATION
CLOUDS	ISOBARS

DATE	TIME
LOCATION	TEMPERATURE AVG
TEMPERATURE MIN	TEMPERATURE MAX
WIND DIRECTION	WIND SPEED
HUMIDITY	PRECIPITATION
CLOUDS	ISOBARS

DATE	TIME
LOCATION	TEMPERATURE AVG
TEMPERATURE MIN	TEMPERATURE MAX
WIND DIRECTION	WIND SPEED
HUMIDITY	PRECIPITATION
CLOUDS	ISOBARS

ADDITIONAL NOTES

DATE	TIME
LOCATION	TEMPERATURE AVG
TEMPERATURE MIN	TEMPERATURE MAX
WIND DIRECTION	WIND SPEED
HUMIDITY	PRECIPITATION
CLOUDS	ISOBARS

DATE	TIME
LOCATION	TEMPERATURE AVG
TEMPERATURE MIN	TEMPERATURE MAX
WIND DIRECTION	WIND SPEED
HUMIDITY	PRECIPITATION
CLOUDS	ISOBARS

DATE	TIME
LOCATION	TEMPERATURE AVG
TEMPERATURE MIN	TEMPERATURE MAX
WIND DIRECTION	WIND SPEED
HUMIDITY	PRECIPITATION
CLOUDS	ISOBARS

ADDITIONAL NOTES

📅	DATE	🕐	TIME
📍	LOCATION	🌡️	TEMPERATURE AVG
🌡️	TEMPERATURE MIN	🌡️	TEMPERATURE MAX
🧭	WIND DIRECTION	💨	WIND SPEED
💧	HUMIDITY	💧	PRECIPITATION
☁️	CLOUDS	◎	ISOBARS

📅	DATE	🕐	TIME
📍	LOCATION	🌡️	TEMPERATURE AVG
🌡️	TEMPERATURE MIN	🌡️	TEMPERATURE MAX
🧭	WIND DIRECTION	💨	WIND SPEED
💧	HUMIDITY	💧	PRECIPITATION
☁️	CLOUDS	◎	ISOBARS

📅	DATE	🕐	TIME
📍	LOCATION	🌡️	TEMPERATURE AVG
🌡️	TEMPERATURE MIN	🌡️	TEMPERATURE MAX
🧭	WIND DIRECTION	💨	WIND SPEED
💧	HUMIDITY	💧	PRECIPITATION
☁️	CLOUDS	◎	ISOBARS

📝 ADDITIONAL NOTES

📅	DATE	🕐	TIME
📍	LOCATION	🌡️	TEMPERATURE AVG
🌡️	TEMPERATURE MIN	🌡️	TEMPERATURE MAX
🧭	WIND DIRECTION	💨	WIND SPEED
💧	HUMIDITY	💦	PRECIPITATION
☁️	CLOUDS	◎	ISOBARS

📅	DATE	🕐	TIME
📍	LOCATION	🌡️	TEMPERATURE AVG
🌡️	TEMPERATURE MIN	🌡️	TEMPERATURE MAX
🧭	WIND DIRECTION	💨	WIND SPEED
💧	HUMIDITY	💦	PRECIPITATION
☁️	CLOUDS	◎	ISOBARS

📅	DATE	🕐	TIME
📍	LOCATION	🌡️	TEMPERATURE AVG
🌡️	TEMPERATURE MIN	🌡️	TEMPERATURE MAX
🧭	WIND DIRECTION	💨	WIND SPEED
💧	HUMIDITY	💦	PRECIPITATION
☁️	CLOUDS	◎	ISOBARS

📝	ADDITIONAL NOTES

📅 DATE		🕐 TIME	
📍 LOCATION		🌡️ TEMPERATURE AVG	
🌡️ TEMPERATURE MIN		🌡️ TEMPERATURE MAX	
🧭 WIND DIRECTION		💨 WIND SPEED	
💧 HUMIDITY		💦 PRECIPITATION	
☁️ CLOUDS		◎ ISOBARS	

📅 DATE		🕐 TIME	
📍 LOCATION		🌡️ TEMPERATURE AVG	
🌡️ TEMPERATURE MIN		🌡️ TEMPERATURE MAX	
🧭 WIND DIRECTION		💨 WIND SPEED	
💧 HUMIDITY		💦 PRECIPITATION	
☁️ CLOUDS		◎ ISOBARS	

📅 DATE		🕐 TIME	
📍 LOCATION		🌡️ TEMPERATURE AVG	
🌡️ TEMPERATURE MIN		🌡️ TEMPERATURE MAX	
🧭 WIND DIRECTION		💨 WIND SPEED	
💧 HUMIDITY		💦 PRECIPITATION	
☁️ CLOUDS		◎ ISOBARS	

📝 **ADDITIONAL NOTES**

📅	DATE	🕐	TIME
📍	LOCATION	🌡️	TEMPERATURE AVG
🌡️	TEMPERATURE MIN	🌡️	TEMPERATURE MAX
🧭	WIND DIRECTION	💨	WIND SPEED
💧	HUMIDITY	💦	PRECIPITATION
☁️	CLOUDS	◎	ISOBARS

📅	DATE	🕐	TIME
📍	LOCATION	🌡️	TEMPERATURE AVG
🌡️	TEMPERATURE MIN	🌡️	TEMPERATURE MAX
🧭	WIND DIRECTION	💨	WIND SPEED
💧	HUMIDITY	💦	PRECIPITATION
☁️	CLOUDS	◎	ISOBARS

📅	DATE	🕐	TIME
📍	LOCATION	🌡️	TEMPERATURE AVG
🌡️	TEMPERATURE MIN	🌡️	TEMPERATURE MAX
🧭	WIND DIRECTION	💨	WIND SPEED
💧	HUMIDITY	💦	PRECIPITATION
☁️	CLOUDS	◎	ISOBARS

📝 ADDITIONAL NOTES

📅 DATE		🕐 TIME	
📍 LOCATION		🌡️ TEMPERATURE AVG	
🌡️ TEMPERATURE MIN		🌡️ TEMPERATURE MAX	
🧭 WIND DIRECTION		💨 WIND SPEED	
💧 HUMIDITY		💦 PRECIPITATION	
☁️ CLOUDS		◎ ISOBARS	

📅 DATE		🕐 TIME	
📍 LOCATION		🌡️ TEMPERATURE AVG	
🌡️ TEMPERATURE MIN		🌡️ TEMPERATURE MAX	
🧭 WIND DIRECTION		💨 WIND SPEED	
💧 HUMIDITY		💦 PRECIPITATION	
☁️ CLOUDS		◎ ISOBARS	

📅 DATE		🕐 TIME	
📍 LOCATION		🌡️ TEMPERATURE AVG	
🌡️ TEMPERATURE MIN		🌡️ TEMPERATURE MAX	
🧭 WIND DIRECTION		💨 WIND SPEED	
💧 HUMIDITY		💦 PRECIPITATION	
☁️ CLOUDS		◎ ISOBARS	

📝 **ADDITIONAL NOTES**

📅 DATE		🕐 TIME	
📍 LOCATION		🌡️ TEMPERATURE AVG	
🌡️ TEMPERATURE MIN		🌡️ TEMPERATURE MAX	
🧭 WIND DIRECTION		💨 WIND SPEED	
💧 HUMIDITY		💧 PRECIPITATION	
☁️ CLOUDS		⊚ ISOBARS	

📅 DATE		🕐 TIME	
📍 LOCATION		🌡️ TEMPERATURE AVG	
🌡️ TEMPERATURE MIN		🌡️ TEMPERATURE MAX	
🧭 WIND DIRECTION		💨 WIND SPEED	
💧 HUMIDITY		💧 PRECIPITATION	
☁️ CLOUDS		⊚ ISOBARS	

📅 DATE		🕐 TIME	
📍 LOCATION		🌡️ TEMPERATURE AVG	
🌡️ TEMPERATURE MIN		🌡️ TEMPERATURE MAX	
🧭 WIND DIRECTION		💨 WIND SPEED	
💧 HUMIDITY		💧 PRECIPITATION	
☁️ CLOUDS		⊚ ISOBARS	

📝 ADDITIONAL NOTES

📅 DATE		🕐 TIME	
📍 LOCATION		🌡️ TEMPERATURE AVG	
🌡️ TEMPERATURE MIN		🌡️ TEMPERATURE MAX	
🧭 WIND DIRECTION		💨 WIND SPEED	
💧 HUMIDITY		💧 PRECIPITATION	
☁️ CLOUDS		◎ ISOBARS	

📅 DATE		🕐 TIME	
📍 LOCATION		🌡️ TEMPERATURE AVG	
🌡️ TEMPERATURE MIN		🌡️ TEMPERATURE MAX	
🧭 WIND DIRECTION		💨 WIND SPEED	
💧 HUMIDITY		💧 PRECIPITATION	
☁️ CLOUDS		◎ ISOBARS	

📅 DATE		🕐 TIME	
📍 LOCATION		🌡️ TEMPERATURE AVG	
🌡️ TEMPERATURE MIN		🌡️ TEMPERATURE MAX	
🧭 WIND DIRECTION		💨 WIND SPEED	
💧 HUMIDITY		💧 PRECIPITATION	
☁️ CLOUDS		◎ ISOBARS	

📝 **ADDITIONAL NOTES**

DATE	TIME
LOCATION	TEMPERATURE AVG
TEMPERATURE MIN	TEMPERATURE MAX
WIND DIRECTION	WIND SPEED
HUMIDITY	PRECIPITATION
CLOUDS	ISOBARS

DATE	TIME
LOCATION	TEMPERATURE AVG
TEMPERATURE MIN	TEMPERATURE MAX
WIND DIRECTION	WIND SPEED
HUMIDITY	PRECIPITATION
CLOUDS	ISOBARS

DATE	TIME
LOCATION	TEMPERATURE AVG
TEMPERATURE MIN	TEMPERATURE MAX
WIND DIRECTION	WIND SPEED
HUMIDITY	PRECIPITATION
CLOUDS	ISOBARS

ADDITIONAL NOTES

📅	DATE	🕐	TIME
📍	LOCATION	🌡	TEMPERATURE AVG
🌡	TEMPERATURE MIN	🌡	TEMPERATURE MAX
🧭	WIND DIRECTION	💨	WIND SPEED
💧	HUMIDITY	💧	PRECIPITATION
☁	CLOUDS	◎	ISOBARS

📅	DATE	🕐	TIME
📍	LOCATION	🌡	TEMPERATURE AVG
🌡	TEMPERATURE MIN	🌡	TEMPERATURE MAX
🧭	WIND DIRECTION	💨	WIND SPEED
💧	HUMIDITY	💧	PRECIPITATION
☁	CLOUDS	◎	ISOBARS

📅	DATE	🕐	TIME
📍	LOCATION	🌡	TEMPERATURE AVG
🌡	TEMPERATURE MIN	🌡	TEMPERATURE MAX
🧭	WIND DIRECTION	💨	WIND SPEED
💧	HUMIDITY	💧	PRECIPITATION
☁	CLOUDS	◎	ISOBARS

📝 ADDITIONAL NOTES

📅	DATE	🕐	TIME
📍	LOCATION	🌡️	TEMPERATURE AVG
🌡️	TEMPERATURE MIN	🌡️	TEMPERATURE MAX
🧭	WIND DIRECTION	💨	WIND SPEED
%	HUMIDITY	💧	PRECIPITATION
☁️	CLOUDS	◎	ISOBARS

📅	DATE	🕐	TIME
📍	LOCATION	🌡️	TEMPERATURE AVG
🌡️	TEMPERATURE MIN	🌡️	TEMPERATURE MAX
🧭	WIND DIRECTION	💨	WIND SPEED
%	HUMIDITY	💧	PRECIPITATION
☁️	CLOUDS	◎	ISOBARS

📅	DATE	🕐	TIME
📍	LOCATION	🌡️	TEMPERATURE AVG
🌡️	TEMPERATURE MIN	🌡️	TEMPERATURE MAX
🧭	WIND DIRECTION	💨	WIND SPEED
%	HUMIDITY	💧	PRECIPITATION
☁️	CLOUDS	◎	ISOBARS

📝 ADDITIONAL NOTES

📅 DATE		🕐 TIME	
📍 LOCATION		🌡️ TEMPERATURE AVG	
🌡️ TEMPERATURE MIN		🌡️ TEMPERATURE MAX	
🧭 WIND DIRECTION		💨 WIND SPEED	
💧 HUMIDITY		💧 PRECIPITATION	
☁️ CLOUDS		◎ ISOBARS	

📅 DATE		🕐 TIME	
📍 LOCATION		🌡️ TEMPERATURE AVG	
🌡️ TEMPERATURE MIN		🌡️ TEMPERATURE MAX	
🧭 WIND DIRECTION		💨 WIND SPEED	
💧 HUMIDITY		💧 PRECIPITATION	
☁️ CLOUDS		◎ ISOBARS	

📅 DATE		🕐 TIME	
📍 LOCATION		🌡️ TEMPERATURE AVG	
🌡️ TEMPERATURE MIN		🌡️ TEMPERATURE MAX	
🧭 WIND DIRECTION		💨 WIND SPEED	
💧 HUMIDITY		💧 PRECIPITATION	
☁️ CLOUDS		◎ ISOBARS	

📝 ADDITIONAL NOTES

DATE	TIME
LOCATION	TEMPERATURE AVG
TEMPERATURE MIN	TEMPERATURE MAX
WIND DIRECTION	WIND SPEED
HUMIDITY	PRECIPITATION
CLOUDS	ISOBARS

DATE	TIME
LOCATION	TEMPERATURE AVG
TEMPERATURE MIN	TEMPERATURE MAX
WIND DIRECTION	WIND SPEED
HUMIDITY	PRECIPITATION
CLOUDS	ISOBARS

DATE	TIME
LOCATION	TEMPERATURE AVG
TEMPERATURE MIN	TEMPERATURE MAX
WIND DIRECTION	WIND SPEED
HUMIDITY	PRECIPITATION
CLOUDS	ISOBARS

ADDITIONAL NOTES

📅 DATE		🕐 TIME	
📍 LOCATION		🌡️ TEMPERATURE AVG	
🌡️ TEMPERATURE MIN		🌡️ TEMPERATURE MAX	
🧭 WIND DIRECTION		💨 WIND SPEED	
💧 HUMIDITY		💧 PRECIPITATION	
☁️ CLOUDS		◎ ISOBARS	

📅 DATE		🕐 TIME	
📍 LOCATION		🌡️ TEMPERATURE AVG	
🌡️ TEMPERATURE MIN		🌡️ TEMPERATURE MAX	
🧭 WIND DIRECTION		💨 WIND SPEED	
💧 HUMIDITY		💧 PRECIPITATION	
☁️ CLOUDS		◎ ISOBARS	

📅 DATE		🕐 TIME	
📍 LOCATION		🌡️ TEMPERATURE AVG	
🌡️ TEMPERATURE MIN		🌡️ TEMPERATURE MAX	
🧭 WIND DIRECTION		💨 WIND SPEED	
💧 HUMIDITY		💧 PRECIPITATION	
☁️ CLOUDS		◎ ISOBARS	

📝 ADDITIONAL NOTES

DATE	TIME
LOCATION	TEMPERATURE AVG
TEMPERATURE MIN	TEMPERATURE MAX
WIND DIRECTION	WIND SPEED
HUMIDITY	PRECIPITATION
CLOUDS	ISOBARS

DATE	TIME
LOCATION	TEMPERATURE AVG
TEMPERATURE MIN	TEMPERATURE MAX
WIND DIRECTION	WIND SPEED
HUMIDITY	PRECIPITATION
CLOUDS	ISOBARS

DATE	TIME
LOCATION	TEMPERATURE AVG
TEMPERATURE MIN	TEMPERATURE MAX
WIND DIRECTION	WIND SPEED
HUMIDITY	PRECIPITATION
CLOUDS	ISOBARS

ADDITIONAL NOTES

📅 DATE		🕐 TIME	
📍 LOCATION		🌡️ TEMPERATURE AVG	
🌡️ TEMPERATURE MIN		🌡️ TEMPERATURE MAX	
🧭 WIND DIRECTION		💨 WIND SPEED	
💧 HUMIDITY		💦 PRECIPITATION	
☁️ CLOUDS		◎ ISOBARS	

📅 DATE		🕐 TIME	
📍 LOCATION		🌡️ TEMPERATURE AVG	
🌡️ TEMPERATURE MIN		🌡️ TEMPERATURE MAX	
🧭 WIND DIRECTION		💨 WIND SPEED	
💧 HUMIDITY		💦 PRECIPITATION	
☁️ CLOUDS		◎ ISOBARS	

📅 DATE		🕐 TIME	
📍 LOCATION		🌡️ TEMPERATURE AVG	
🌡️ TEMPERATURE MIN		🌡️ TEMPERATURE MAX	
🧭 WIND DIRECTION		💨 WIND SPEED	
💧 HUMIDITY		💦 PRECIPITATION	
☁️ CLOUDS		◎ ISOBARS	

📝 ADDITIONAL NOTES

📅	DATE	🕐	TIME
📍	LOCATION	🌡️	TEMPERATURE AVG
🌡️	TEMPERATURE MIN	🌡️	TEMPERATURE MAX
🧭	WIND DIRECTION	💨	WIND SPEED
💧	HUMIDITY	💧	PRECIPITATION
☁️	CLOUDS	◎	ISOBARS

📅	DATE	🕐	TIME
📍	LOCATION	🌡️	TEMPERATURE AVG
🌡️	TEMPERATURE MIN	🌡️	TEMPERATURE MAX
🧭	WIND DIRECTION	💨	WIND SPEED
💧	HJMIDITY	💧	PRECIPITATION
☁️	CLOUDS	◎	ISOBARS

📅	DATE	🕐	TIME
📍	LOCATION	🌡️	TEMPERATURE AVG
🌡️	TEMPERATURE MIN	🌡️	TEMPERATURE MAX
🧭	WIND DIRECTION	💨	WIND SPEED
💧	HUMIDITY	💧	PRECIPITAT ON
☁️	CLOUDS	◎	ISOBARS

📝	ADDITIONAL NOTES

DATE	TIME
LOCATION	TEMPERATURE AVG
TEMPERATURE MIN	TEMPERATURE MAX
WIND DIRECTION	WIND SPEED
HUMIDITY	PRECIPITATION
CLOUDS	ISOBARS

DATE	TIME
LOCATION	TEMPERATURE AVG
TEMPERATURE MIN	TEMPERATURE MAX
WIND DIRECTION	WIND SPEED
HUMIDITY	PRECIPITATION
CLOUDS	ISOBARS

DATE	TIME
LOCATION	TEMPERATURE AVG
TEMPERATURE MIN	TEMPERATURE MAX
WIND DIRECTION	WIND SPEED
HUMIDITY	PRECIPITATION
CLOUDS	ISOBARS

ADDITIONAL NOTES

📅 DATE	🕐 TIME
📍 LOCATION	🌡️ TEMPERATURE AVG
🌡️ TEMPERATURE MIN	🌡️ TEMPERATURE MAX
🧭 WIND DIRECTION	💨 WIND SPEED
💧 HUMIDITY	💧 PRECIPITATION
☁️ CLOUDS	◎ ISOBARS

📅 DATE	🕐 TIME
📍 LOCATION	🌡️ TEMPERATURE AVG
🌡️ TEMPERATURE MIN	🌡️ TEMPERATURE MAX
🧭 WIND DIRECTION	💨 WIND SPEED
💧 HUMIDITY	💧 PRECIPITATION
☁️ CLOUDS	◎ ISOBARS

📅 DATE	🕐 TIME
📍 LOCATION	🌡️ TEMPERATURE AVG
🌡️ TEMPERATURE MIN	🌡️ TEMPERATURE MAX
🧭 WIND DIRECTION	💨 WIND SPEED
💧 HUMIDITY	💧 PRECIPITATION
☁️ CLOUDS	◎ ISOBARS

📝 ADDITIONAL NOTES

📅 DATE		🕐 TIME	
📍 LOCATION		🌡️ TEMPERATURE AVG	
🌡️ TEMPERATURE MIN		🌡️ TEMPERATURE MAX	
🧭 WIND DIRECTION		💨 WIND SPEED	
💧 HUMIDITY		💧 PRECIPITATION	
☁️ CLOUDS		◎ ISOBARS	

📅 DATE		🕐 TIME	
📍 LOCATION		🌡️ TEMPERATURE AVG	
🌡️ TEMPERATURE MIN		🌡️ TEMPERATURE MAX	
🧭 WIND DIRECTION		💨 WIND SPEED	
💧 HUMIDITY		💧 PRECIPITATION	
☁️ CLOUDS		◎ ISOBARS	

📅 DATE		🕐 TIME	
📍 LOCATION		🌡️ TEMPERATURE AVG	
🌡️ TEMPERATURE MIN		🌡️ TEMPERATURE MAX	
🧭 WIND DIRECTION		💨 WIND SPEED	
💧 HUMIDITY		💧 PRECIPITATION	
☁️ CLOUDS		◎ ISOBARS	

ADDITIONAL NOTES

📅 DATE		🕐 TIME	
📍 LOCATION		🌡️ TEMPERATURE AVG	
🌡️ TEMPERATURE MIN		🌡️ TEMPERATURE MAX	
🧭 WIND DIRECTION		💨 WIND SPEED	
💧 HUMIDITY		💦 PRECIPITATION	
☁️ CLOUDS		◎ ISOBARS	

📅 DATE		🕐 TIME	
📍 LOCATION		🌡️ TEMPERATURE AVG	
🌡️ TEMPERATURE MIN		🌡️ TEMPERATURE MAX	
🧭 WIND DIRECTION		💨 WIND SPEED	
💧 HUMIDITY		💦 PRECIPITATION	
☁️ CLOUDS		◎ ISOBARS	

📅 DATE		🕐 TIME	
📍 LOCATION		🌡️ TEMPERATURE AVG	
🌡️ TEMPERATURE MIN		🌡️ TEMPERATURE MAX	
🧭 WIND DIRECTION		💨 WIND SPEED	
💧 HUMIDITY		💦 PRECIPITATION	
☁️ CLOUDS		◎ ISOBARS	

📝 ADDITIONAL NOTES

DATE	TIME
LOCATION	TEMPERATURE AVG
TEMPERATURE MIN	TEMPERATURE MAX
WIND DIRECTION	WIND SPEED
HUMIDITY	PRECIPITATION
CLOUDS	ISOBARS

DATE	TIME
LOCATION	TEMPERATURE AVG
TEMPERATURE MIN	TEMPERATURE MAX
WIND DIRECTION	WIND SPEED
HUMIDITY	PRECIPITATION
CLOUDS	ISOBARS

DATE	TIME
LOCATION	TEMPERATURE AVG
TEMPERATURE MIN	TEMPERATURE MAX
WIND DIRECTION	WIND SPEED
HUMIDITY	PRECIPITATION
CLOUDS	ISOBARS

ADDITIONAL NOTES

📅	DATE	🕐	TIME
📍	LOCATION	🌡️	TEMPERATURE AVG
🌡️	TEMPERATURE MIN	🌡️	TEMPERATURE MAX
🧭	WIND DIRECTION	💨	WIND SPEED
💧	HUMIDITY	💦	PRECIPITATION
☁️	CLOUDS	◎	ISOBARS

📅	DATE	🕐	TIME
📍	LOCATION	🌡️	TEMPERATURE AVG
🌡️	TEMPERATURE MIN	🌡️	TEMPERATURE MAX
🧭	WIND DIRECTION	💨	WIND SPEED
💧	HUMIDITY	💦	PRECIPITATION
☁️	CLOUDS	◎	ISOBARS

📅	DATE	🕐	TIME
📍	LOCATION	🌡️	TEMPERATURE AVG
🌡️	TEMPERATURE MIN	🌡️	TEMPERATURE MAX
🧭	WIND DIRECTION	💨	WIND SPEED
💧	HUMIDITY	💦	PRECIPITATION
☁️	CLOUDS	◎	ISOBARS

ADDITIONAL NOTES

📅	DATE	🕐	TIME
📍	LOCATION	🌡️	TEMPERATURE AVG
🌡️	TEMPERATURE MIN	🌡️	TEMPERATURE MAX
🧭	WIND DIRECTION	💨	WIND SPEED
💧	HUMIDITY	💧	PRECIPITATION
☁️	CLOUDS	◎	ISOBARS

📅	DATE	🕐	TIME
📍	LOCATION	🌡️	TEMPERATURE AVG
🌡️	TEMPERATURE MIN	🌡️	TEMPERATURE MAX
🧭	WIND DIRECTION	💨	WIND SPEED
💧	HUMIDITY	💧	PRECIPITATION
☁️	CLOUDS	◎	ISOBARS

📅	DATE	🕐	TIME
📍	LOCATION	🌡️	TEMPERATURE AVG
🌡️	TEMPERATURE MIN	🌡️	TEMPERATURE MAX
🧭	WIND DIRECTION	💨	WIND SPEED
💧	HUMIDITY	💧	PRECIPITATION
☁️	CLOUDS	◎	ISOBARS

ADDITIONAL NOTES

📅	DATE	🕐	TIME
📍	LOCATION	🌡️	TEMPERATURE AVG
🌡️	TEMPERATURE MIN	🌡️	TEMPERATURE MAX
🧭	WIND DIRECTION	💨	WIND SPEED
💧	HUMIDITY	💦	PRECIPITATION
☁️	CLOUDS	◎	ISOBARS

📅	DATE	🕐	TIME
📍	LOCATION	🌡️	TEMPERATURE AVG
🌡️	TEMPERATURE MIN	🌡️	TEMPERATURE MAX
🧭	WIND DIRECTION	💨	WIND SPEED
💧	HUMIDITY	💦	PRECIPITATION
☁️	CLOUDS	◎	ISOBARS

📅	DATE	🕐	TIME
📍	LOCATION	🌡️	TEMPERATURE AVG
🌡️	TEMPERATURE MIN	🌡️	TEMPERATURE MAX
🧭	WIND DIRECTION	💨	WIND SPEED
💧	HUMIDITY	💦	PRECIPITATION
☁️	CLOUDS	◎	ISOBARS

📝 ADDITIONAL NOTES

📅	DATE	🕐	TIME
📍	LOCATION	🌡️	TEMPERATURE AVG
🌡️	TEMPERATURE MIN	🌡️	TEMPERATURE MAX
🧭	WIND DIRECTION	💨	WIND SPEED
💧	HUMIDITY	💧	PRECIPITATION
☁️	CLOUDS	◎	ISOBARS

📅	DATE	🕐	TIME
📍	LOCATION	🌡️	TEMPERATURE AVG
🌡️	TEMPERATURE MIN	🌡️	TEMPERATURE MAX
🧭	WIND DIRECTION	💨	WIND SPEED
💧	HUMIDITY	💧	PRECIPITATION
☁️	CLOUDS	◎	ISOBARS

📅	DATE	🕐	TIME
📍	LOCATION	🌡️	TEMPERATURE AVG
🌡️	TEMPERATURE MIN	🌡️	TEMPERATURE MAX
🧭	WIND DIRECTION	💨	WIND SPEED
💧	HUMIDITY	💧	PRECIPITATION
☁️	CLOUDS	◎	ISOBARS

📝 ADDITIONAL NOTES

DATE	TIME
LOCATION	TEMPERATURE AVG
TEMPERATURE MIN	TEMPERATURE MAX
WIND DIRECTION	WIND SPEED
HUMIDITY	PRECIPITATION
CLOUDS	ISOBARS

DATE	TIME
LOCATION	TEMPERATURE AVG
TEMPERATURE MIN	TEMPERATURE MAX
WIND DIRECTION	WIND SPEED
HUMIDITY	PRECIPITATION
CLOUDS	ISOBARS

DATE	TIME
LOCATION	TEMPERATURE AVG
TEMPERATURE MIN	TEMPERATURE MAX
WIND DIRECTION	WIND SPEED
HUMIDITY	PRECIPITATION
CLOUDS	ISOBARS

ADDITIONAL NOTES

DATE	TIME
LOCATION	TEMPERATURE AVG
TEMPERATURE MIN	TEMPERATURE MAX
WIND DIRECTION	WIND SPEED
HUMIDITY	PRECIPITATION
CLOUDS	ISOBARS

DATE	TIME
LOCATION	TEMPERATURE AVG
TEMPERATURE MIN	TEMPERATURE MAX
WIND DIRECTION	WIND SPEED
HUMIDITY	PRECIPITATION
CLOUDS	ISOBARS

DATE	TIME
LOCATION	TEMPERATURE AVG
TEMPERATURE MIN	TEMPERATURE MAX
WIND DIRECTION	WIND SPEED
HUMIDITY	PRECIPITATION
CLOUDS	ISOBARS

ADDITIONAL NOTES

DATE	TIME
LOCATION	TEMPERATURE AVG
TEMPERATURE MIN	TEMPERATURE MAX
WIND DIRECTION	WIND SPEED
HUMIDITY	PRECIPITATION
CLOUDS	ISOBARS

DATE	TIME
LOCATION	TEMPERATURE AVG
TEMPERATURE MIN	TEMPERATURE MAX
WIND DIRECTION	WIND SPEED
HUMIDITY	PRECIPITATION
CLOUDS	ISOBARS

DATE	TIME
LOCATION	TEMPERATURE AVG
TEMPERATURE MIN	TEMPERATURE MAX
WIND DIRECTION	WIND SPEED
HUMIDITY	PRECIPITATION
CLOUDS	ISOBARS

ADDITIONAL NOTES

📅 DATE	🕐 TIME
📍 LOCATION	🌡️ TEMPERATURE AVG
🌡️ TEMPERATURE MIN	🌡️ TEMPERATURE MAX
🧭 WIND DIRECTION	💨 WIND SPEED
💧 HUMIDITY	💧 PRECIPITATION
☁️ CLOUDS	◎ ISOBARS

📅 DATE	🕐 TIME
📍 LOCATION	🌡️ TEMPERATURE AVG
🌡️ TEMPERATURE MIN	🌡️ TEMPERATURE MAX
🧭 WIND DIRECTION	💨 WIND SPEED
💧 HUMIDITY	💧 PRECIPITATION
☁️ CLOUDS	◎ ISOBARS

📅 DATE	🕐 TIME
📍 LOCATION	🌡️ TEMPERATURE AVG
🌡️ TEMPERATURE MIN	🌡️ TEMPERATURE MAX
🧭 WIND DIRECTION	💨 WIND SPEED
💧 HUMIDITY	💧 PRECIPITATION
☁️ CLOUDS	◎ ISOBARS

📝 ADDITIONAL NOTES

📅	DATE	🕐	TIME
📍	LOCATION	🌡️	TEMPERATURE AVG
🌡️	TEMPERATURE MIN	🌡️	TEMPERATURE MAX
🧭	WIND DIRECTION	💨	WIND SPEED
💧	HUMIDITY	💧	PRECIPITATION
☁️	CLOUDS	◎	ISOBARS

📅	DATE	🕐	TIME
📍	LOCATION	🌡️	TEMPERATURE AVG
🌡️	TEMPERATURE MIN	🌡️	TEMPERATURE MAX
🧭	WIND DIRECTION	💨	WIND SPEED
💧	HUMIDITY	💧	PRECIPITATION
☁️	CLOUDS	◎	ISOBARS

📅	DATE	🕐	TIME
📍	LOCATION	🌡️	TEMPERATURE AVG
🌡️	TEMPERATURE MIN	🌡️	TEMPERATURE MAX
🧭	WIND DIRECTION	💨	WIND SPEED
💧	HUMIDITY	💧	PRECIPITATION
☁️	CLOUDS	◎	ISOBARS

📝	ADDITIONAL NOTES

DATE	TIME
LOCATION	TEMPERATURE AVG
TEMPERATURE MIN	TEMPERATURE MAX
WIND DIRECTION	WIND SPEED
HUMIDITY	PRECIPITATION
CLOUDS	ISOBARS

DATE	TIME
LOCATION	TEMPERATURE AVG
TEMPERATURE MIN	TEMPERATURE MAX
WIND DIRECTION	WIND SPEED
HUMIDITY	PRECIPITATION
CLOUDS	ISOBARS

DATE	TIME
LOCATION	TEMPERATURE AVG
TEMPERATURE MIN	TEMPERATURE MAX
WIND DIRECTION	WIND SPEED
HUMIDITY	PRECIPITATION
CLOUDS	ISOBARS

ADDITIONAL NOTES

📅 DATE	🕐 TIME
📍 LOCATION	🌡️ TEMPERATURE AVG
🌡️ TEMPERATURE MIN	🌡️ TEMPERATURE MAX
🧭 WIND DIRECTION	💨 WIND SPEED
💧 HUMIDITY	💧 PRECIPITATION
☁️ CLOUDS	◎ ISOBARS

📅 DATE	🕐 TIME
📍 LOCATION	🌡️ TEMPERATURE AVG
🌡️ TEMPERATURE MIN	🌡️ TEMPERATURE MAX
🧭 WIND DIRECTION	💨 WIND SPEED
💧 HUMIDITY	💧 PRECIPITATION
☁️ CLOUDS	◎ ISOBARS

📅 DATE	🕐 TIME
📍 LOCATION	🌡️ TEMPERATURE AVG
🌡️ TEMPERATURE MIN	🌡️ TEMPERATURE MAX
🧭 WIND DIRECTION	💨 WIND SPEED
💧 HUMIDITY	💧 PRECIPITATION
☁️ CLOUDS	◎ ISOBARS

📝 ADDITIONAL NOTES

DATE	TIME
LOCATION	TEMPERATURE AVG
TEMPERATURE MIN	TEMPERATURE MAX
WIND DIRECTION	WIND SPEED
HUMIDITY	PRECIPITATION
CLOUDS	ISOBARS

DATE	TIME
LOCATION	TEMPERATURE AVG
TEMPERATURE MIN	TEMPERATURE MAX
WIND DIRECTION	WIND SPEED
HUMIDITY	PRECIPITATION
CLOUDS	ISOBARS

DATE	TIME
LOCATION	TEMPERATURE AVG
TEMPERATURE MIN	TEMPERATURE MAX
WIND DIRECTION	WIND SPEED
HUMIDITY	PRECIPITATION
CLOUDS	ISOBARS

ADDITIONAL NOTES

www.ingramcontent.com/pod-product-compliance
Lightning Source LLC
Chambersburg PA
CBHW081231080526
44587CB00022B/3905